もくじ

		ページ
①	2年生のふく習	2
②	10や0のかけ算	6
③	わり算 1	12
④	わり算 2	16
⑤	あまりのあるわり算 1	22
⑥	あまりのあるわり算 2	26
⑦	大きい数の計算（わり算）	30
⑧	時こくと時間 1	34
⑨	時こくと時間 2	40
⑩	長さ	46
⑪	大きい数の計算 1	50
⑫	大きい数の計算 2	54
⑬	大きい数の計算 3	58
⑭	かけ算の筆算 1	62
⑮	かけ算の筆算 2	66
		70
⑰	かけ算の筆算	74
⑱	かけ算の筆算 4	78
⑲	小数のたし算	82
⑳	小数のひき算	86
㉑	重さ	90
㉒	分数	94
㉓	□を使った式 1	98
㉔	□を使った式 2	102
㉕	間の数に目をつけて（植木算）	106
	まとめテスト	110
	答え	113

うんこ先生

1

かんせい！ うんこロケット
～2年生のふく習～

うんこをうちゅうに送り出すためのうんこロケットが，ついにかんせいしました！

1台のロケットにのせられるうんこは，たったの6こです。
全部で4台のうんこロケットがあります。

こうして，世界中からえりすぐりのうんこが1万こも集まりました。

うんこドリル

東京大学との共同研究で学力向上・学習意欲向上が実証されました！

① 学習効果 UP!⬆

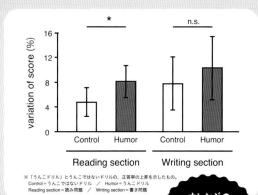

※「うんこドリル」とうんこではないドリルの、正答率の上昇を示したもの。
Control＝うんこではないドリル ／ Humor＝うんこドリル
Reading section＝読み問題 ／ Writing section＝書き問題

オレンジのグラフがうんこドリルの学習効果なのじゃ！

うんこドリルで学習した場合の成績の上昇率は、うんこではないドリルで学習した場合と比較して約60%高いという結果になったのじゃ！

② 学習意欲 UP!⬆

Alpha　Beta　Slow gamma

Relative ΔEEG power

※「うんこドリル」とうんこではないドリルの閲覧時の、脳領域の活動の違いをカラーマップで表したもの。左から「アルファ波」「ベータ波」「スローガンマ波」。明るい部分ほど、うんこドリル閲覧時における脳波の動きが大きかった。

明るくなっているところが、うんこドリルが優位に働いたところなのじゃ！

うんこドリルで学習した場合「記憶の定着」に効果的であることが確認されたのじゃ！

共同研究　東京大学薬学部　池谷裕二教授

1998年に東京大学にて薬学博士号を取得。2002〜2005年にコロンビア大学（米ニューヨーク）に留学をはさみ、2014年より現職。専門分野は神経生理学で、脳の健康について探究している。また、2018年よりERATO脳AI融合プロジェクトの代表を務め、AIチップの脳移植による新たな知能の開拓を目指している。
文部科学大臣表彰 若手科学者賞（2008年）、日本学術振興会賞（2013年）、日本学士院学術奨励賞（2013年）などを受賞。

著書：『海馬』『記憶力を強くする』『進化しすぎた脳』
論文：Science 304:559、2004、同誌 311:599、2011、同誌 335:353、2012

先生のコメントはウラへ⬆

考察　池谷裕二教授より

教育において、ユーモアは児童・生徒を学習内容に注目させるために広く用いられます。先行研究によれば、ユーモアを含む教材では、ユーモアのない教材を用いたときよりも学習成績が高くなる傾向があることが示されていました。これらの結果は、ユーモアによって児童・生徒の注意力がより強く喚起されることで生じたものと考えられますが、ユーモアと注意力の関係を示す直接的な証拠は示されてきませんでした。そこで本研究では9〜10歳の子どもを対象に、電気生理学的アプローチを用いて、ユーモアが注意力に及ぼす影響を評価することとしました。

本研究では、ユーモアが脳波と記憶に及ぼす影響を統合的に検討しました。心理学の分野では、ユーモアが学習促進に役立つことが提唱されていますが、ユーモアが学習における集中力にどのような影響を与え、学習を促すのかについてはほとんど知られていません。しかし、記憶のエンコーディングにおいて遅いγ帯域の脳波が増加することが報告されていることと、今回我々が示した結果から、ユーモアは遅いγ波を増強することで学習促進に有用であることが示唆されます。
さらに、ユーモア刺激によるβ波強度の増加も観察されました。β波の活動は視覚的注意と関連していることが知られていること、集中力の程度は体の動きで評価できることから、本研究の結果からは、ユーモアがβ波強度の増加を介して集中度を高めている可能性が考えられます。

これらの結果は、ユーモアが学習に良い影響を与えるという
instructional humor processing theory を支持するものです。

※ J. Neuronet., 1028:1-13, 2020　http://neuronet.jp/jneuronet/007.pdf　　　東京大学薬学部　池谷裕二教授

詳しい情報は
こちらをチェック！

1 お話に合うように，下の絵ののこり**3**台のうんこロケットに
のせられるだけのうんこをかきましょう。

2 うちゅうに送り出すことができる
うんこは，全部で何こですか。

式

1を見て，かけ算を
してみるのじゃ！

答え ＿＿＿＿＿＿＿＿

3 世界中からうんこが**1**万こも集まっている様子をテレビで見ていた
※大統領が，

※大統領…国でいちばん力を持っているせいじ家

もっとたくさんのうんこをうちゅうにとばそう！！

▲大統領

と言い出したので，ロケットは全部で**7**台になりました。
うちゅうに送り出すことができるうんこは，全部で何こになりましたか。

式

答え ＿＿＿＿＿＿＿＿

算数
ポイント | かけ算では，「1つ分の数」×「いくつ分」で答えをもとめる。

かくにん問題

1 うんこダンプカー1台には，うんこを7このせられます。うんこダンプカーが5台あるとき，全部で何このうんこをのせられますか。

式

答え _____

2 サンタクロースのそりには，うんこが8このせられます。サンタクロースのそりが9台あるとき，全部で何このうんこをのせられますか。

式

答え _____

3 大統領は，1日に9回うんこをします。4日間だと何回うんこをしますか。

式

答え _____

4 大統領は，うんこを1にする間に「おれは大統領だ！」と6回さけびます。うんこを5こすると，何回「おれは大統領だ！」とさけぶことになりますか。

式

答え _____

がんばったね
シールを
はろう!

1 6人組のアイドルグループが, ファンに配るために1人9こずつ うんこを用意しました。6人が用意したファンに配るためのうんこは, 全部で何こありますか。

式

答え _____

2 1日に5cmずつのびるうんこを見つけました。このうんこは 8日間で何cmのびますか。

式

答え _____

3 校庭を4しゅうすると, 校長先生のうんこを1秒見せてもらえます。 7秒見たい場合, 校庭を何しゅうすればよいですか。

式

答え _____

4 けんすけくんのうんこには, なぜかクジャクが 集まってきます。うんこ1こで9羽の クジャクが集まります。うんこ3こでは, 何羽のクジャクが集まりますか。

式

答え _____

ぼくの名は うんこボーイ

~10や0のかけ算~

　うんこボーイは，エネルギー「メガウンコ**Z**（ゼット）」の力で動く人型のロボット（人造人間（じんぞうにんげん））です。

1　うんこボーイは，1日で10L入りのメガウンコZを7本（つか）使います。
1日に何Lのメガウンコ**Z**を使いますか。

式（しき）

答え＿＿＿＿＿＿＿

うんこボーイの友だちは男の子ばかりなので，うんこボーイは女の子の友だちを作るために町へ行きました。町には3日間つづけて行きました。

 右の表を見て答えましょう。

友だちになった女の子の数	
1日目	0人
2日目	0人
3日目	0人

 どの日も0人で，それが3日間だぞい。

うんこボーイは，3日間で何人の女の子と友だちになれましたか。かけ算でもとめましょう。

⬇ 〔 〕に数を書いて答えをもとめましょう。

式　〔　〕 × 〔　〕 = 〔　〕

1日で友だちに　　日数　　友だちに
なった数　　　　　　　なった数

答え ＿＿＿＿＿＿

算数ポイント｜0にどんな数をかけても答えは0になる。

これが人造人間 うんこボーイ だ！

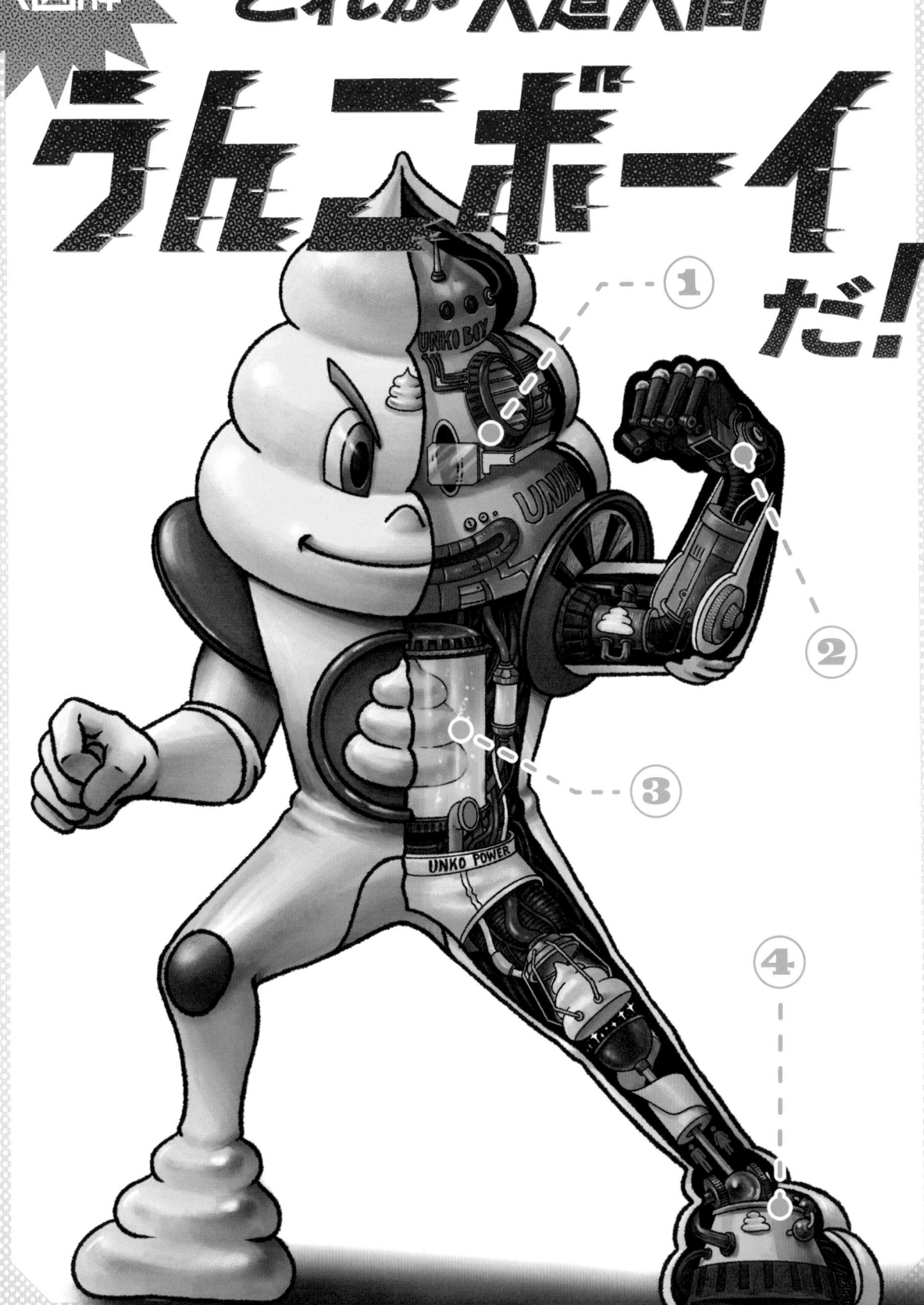

① ② ③ ④

① うんこボーイ アイ
UNKO BOY EYE

うんこボーイの目には
「うんこをがまんしている人」
だけがちがう色で見える。

人ごみの中に
かくれても，うんこを
がまんしていたら，
うんこボーイに
見つかって
しまうのう！

② うんこボーイ ハンド
UNKO BOY HAND

ゴリラ8万頭分のうんこを
持ち上げられるほどの
力がある！

さすが
人造人間！
すごい
パワーじゃな！

③ うんこボーイ ビーム
UNKO BOY BEAM

胸から発射されるビームは
うんこボーイの必殺技！
あびるとうんこが
止まらなくなる。

便秘のときは
助かっちゃう
かもしれん
ぞい！？

④ うんこボーイ ターボ＆
うんこボーイ ジェット
UNKO BOY TURBO & UNKO BOY JET

うんこ型の足のかかとからうんこを噴射して，
ものすごいスピードで走ることができる！
さらに，足のうらから
うんこを噴射して
大空をとぶことも！

わしも
うんこボーイの
せなかに乗って
空をとんで
みたいぞい！

うんこボーイって，何のために作られたの？

さいしょは，うんこをがまんしている人を助けるために作られた。今では，こまっている人間がいたらどんなことでも助けるようにプログラムされている。

うんこボーイを作った人はだれ？

うんこボーイを作った人物は，なぞにつつまれている。

かくにん問題

1 うんこボーイが，10L入りの「メガウンコZ」5本を
全部こぼしてしまいました。何Lこぼしましたか。

式

答え＿＿＿＿＿＿

2 新しく作られた「メガウンコZ・しゅわしゅわ
グレープフルーツ味」は，1本8L入りです。
10本では何Lになりますか。

式

答え＿＿＿＿＿＿

3 うんこボーイが，女の子の友だちを作るために町へ行きました。

日	1日目	2日目	3日目	4日目	5日目	6日目	7日目	8日目	9日目
人	0人	0人	0人	0人	0人	0人	0人	0人	0人

女の子の友だちは9日間で何人できましたか。

式

答え＿＿＿＿＿＿

4 うんこボーイが，「友だちになってくれた女の子には，これを
あげるんだ」と言って，バラの花をたくさん用意しました。
1人6本ずつあげるつもりでした。友だちになってくれた女の子は
0人です。うんこボーイは，バラの花を何本あげましたか。

式

答え＿＿＿＿＿＿

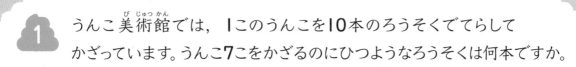
1 うんこ美術館では，1このうんこを10本のろうそくでてらして
かざっています。うんこ7こをかざるのにひつようなろうそくは何本ですか。

式

答え _____

2 長さ6mのうんこを10本つないで，大きな丸を作りました。
この丸の上を走ると，何m走ったことになりますか。

式

答え _____

3 こういちくんがうんこ投げゲームを
しました。けっかは，右の表の
とおりです。こういちくんの，8点の
ところのとく点は何点ですか。

式

点数	8点	4点	0点
当たった数	0	0	4

答え _____

4 3のこういちくんの合計とく点は何点ですか。

式

答え _____

うんこにさす うんこピン①
〜 わり算1〜

うんこピンは，うんこにさして使う<ruby>使<rt>つか</rt></ruby>う
アクセサリーです。色とりどりで，
さまざまなうんこピンが，いろいろな
会社から<ruby>発売<rt>はつばい</rt></ruby>されています。

その中でも，とても人気のある
「ブリックスピン社」の
うんこピンを，お母さんが12本も
手に入れてくれました。
<ruby>家族全員<rt>かぞくぜんいん</rt></ruby>，うれしくて大さわぎです。

ブリックスピン社の
うんこピンは，1本7900円も
するそうじゃ！

1 お父さん，お母さん，お姉ちゃん，ぼくの4人で，
うんこピンを同じ数ずつ分けました。1人分は何本になりますか。

式 〔

答え ＿＿＿＿＿＿＿

2 お父さんは，自分のうんこの長さが27cmだったので，
同じ長さずつ3切れに分けて，1本ずつうんこピンを
さすことにしました。1切れ分のうんこの長さは何cmですか。

式 〔

答え ＿＿＿＿＿＿＿

スーパー
うんこ
問題

うんこピンをさして，
きみだけのオリジナルうんこを作ろう！

お手本の絵は，うんこピンさし
名人の作品だよ。きみも，
下のうんこに自由にピンを
かいてみよう。

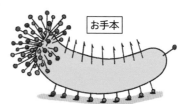

お手本

算数
ポイント｜わり算の答えは，わる数のだんの九九でもとめられる。

13

かくにん問題

1 うんこピン32本を，8このうんこに同じ数ずつさします。
1このうんこにさすうんこピンは，何本になりますか。

式

答え _____

2 新発売のうんこピンが，49本売られています。
7人が，ちょうど同じ数ずつ買って，全部
売れました。1人何本買いましたか。

式

答え _____

3 先生が，長さ72cmのうんこを手に入れました。
9人の子どもに同じ長さずつ分けます。
1人分のうんこの長さは何cmになりますか。

式

答え _____

4 お父さんのうんこ54cmを，同じ長さずつに
ちぎってミニうんこを9こ作りました。
ミニうんこの1この長さは何cmですか。

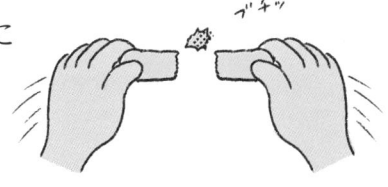

式

答え _____

1 うんこで作った刀「うんこ刀」が
35本あります。7人のさむらいで
同じ数ずつ分けるとき，1人分の
うんこ刀は何本になりますか。

式

答え _____

2 名作「ネバーエンディングうんこストーリー」は，第1章から
第36章まである物語です。9日間，毎日同じ数の章ずつ読んで，
さいごまで読み終わりました。1日何章ずつ読みましたか。

式

答え _____

3 おじいちゃんがうんこの写真を45まいとりました。とった写真を，
かべに同じまい数ずつ5列にならべようと思っています。
うんこの写真は，1列に何まいずつならべればよいですか。

式

答え _____

4 どろどろになるまでとかしたうんこ48Lを，6このバケツに
同じかさずつ分けます。1このバケツに何Lずつ入れれば
よいですか。

式

答え _____

うんこにさす うんこピン②
～わり算2～

　近くのデパートで大安売りしていたうんこピンを，お父さんが**72本**買ってきてくれました。あまり人気のない，日本のうんこピンメーカー「フクダ社」のうんこピンです。

 箱の中には，1色ごとに**8本**ずつピンが入っていました。全部で何色ありますか。

式 ＿＿＿＿＿＿＿＿＿＿　　　　　答え ＿＿＿＿＿＿

2 「フクダ社」の**72**本のうんこピンを見て，お姉ちゃんは
どこかに行ってしまいました。
お母さんは「いちおうもらっておくわ。」
と**3**本もらいました。ぼくも，
犬のうんこにさす用に
6本もらいました。
のこりは全部お父さんが
自分のうんこにさしました。
お父さんのうんこにささった
うんこピンは，何本ですか。

式

答え _____

72本から
へったじゅんに
考えていくのじゃ。

3 **2**でお父さんのうんこにささったうんこピンを，
9本ずつたばにしてさし直すことにしました。
うんこピンのたばは，何たばできますか。

式

答え _____

4 次の日，お父さんは貯金をはたいて，
超高級うんこピン「フロリダジョニー」を
4本買ってきました。**1**人に**1**本ずつ
分けると，何人に分けられますか。

式

答え _____

| 算数ポイント | わり算の答えは，わる数のだんの九九で考える。 |

17

うんこピンの歴史

THE HISTORY OF UNKO PIN

960年ごろ

イギリスの貴族,
ウン・コーデル4世が,
自分のうんこにはりをさして,
しろの門にかざる。
たちまち大金持ちの間で（セレブ）
流行する。

これがうんこピンの
始まりだと
言われているぞい！

これによって,
ヨーロッパから世界へ,
うんこピンが
広まって
いったんじゃ！

1500年ごろ

スイスのしょく人,
フンバル・ミュラーが,
高級品だったうんこピンを
だれでも買って
使えるようにかいりょう。

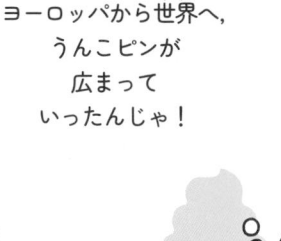
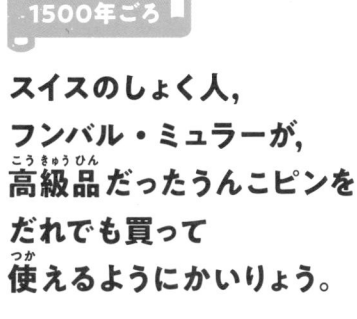

1654年ごろ

江戸のげいじゅつ家,
竹津美近歌馬が,
日本のセンスあふれる
うんこピンを作る。

「たけつみこんうたま」を
さかさに
読んでみると…?

1966年ごろ

第一次 うんこピンブーム。
テレビ番組をきっかけに,
世界中でうんこピンが流行。

17ページに出てくる
「フロリダジョニー」は
このころに作られた
伝説のうんこピンじゃ!

うんこピンは,古くから
伝わっているんじゃな。
わしもそろそろ
新しいのを買おうかのう。

2000年ごろ

第二次うんこピンブーム。
「うんこピンさし」が
子どもの間で大流行し,
まん画やアニメにもなった。

かくにん問題

1 16本のうんこピンを, 1このうんこに2本ずつさしていきます。
何このうんこに, うんこピンをさすことができますか。

式

答え _____

2 18本のうんこピンを, 6本ずつたばにしておじいちゃんの
うんこにさします。うんこピンのたばは, 何たばできますか。

式

答え _____

3 「北斗七星」は, うんこピンを7本使います。
42本のうんこピンでは, 「北斗七星」を
何こ作ることができますか。

式

答え _____

4 「大車輪」は, うんこピンを9本使います。
81本のうんこピンでは, 「大車輪」を何こ
作ることができますか。

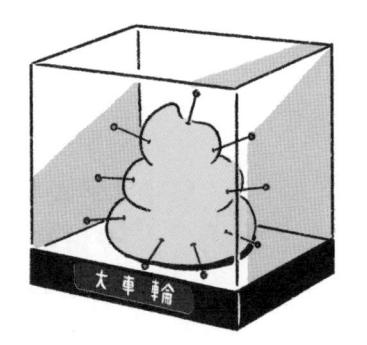

式

答え _____

1 54人の子どもが9人ずつでチームを作り，うんこ野球（やきゅう）をします。
うんこ野球のチームは何チームできますか。

式

答え _____

2 キリギリスが36ぴきいます。ぼくのうんこ1こで，
キリギリスを4ひきつかまえることができます。
すべてのキリギリスをつかまえるには，
ぼくのうんこは何こひつようですか。

式

答え _____

3 権田原（ごんだわら）先生に8円はらうと，「うんこちゅう返（がえ）り」を1回見せてもらえ
ます。権田原（ごんだわら）先生に64円はらうと，「うんこちゅう返り」を
何回見せてもらえますか。

式

答え _____

4 こういちくんが28cmのうんこを7cmずつに切って1人に1こずつ
分けると，こういちくんも入れてちょうど家族全員（かぞくぜんいん）に分けられました。
こういちくんは何人家族ですか。

式

答え _____

うんこハンター ジェイムスの狩り
～あまりのあるわり算1～

うんこハンターのジェイムスが,
うんこハンティング（狩り）をしに,
アフリカへ来ています。

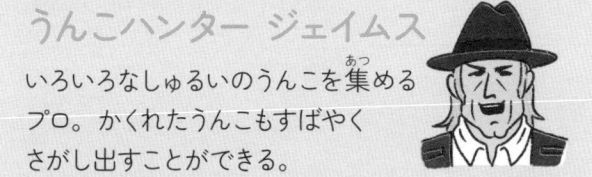

うんこハンター ジェイムス
いろいろなしゅるいのうんこを集める
プロ。かくれたうんこもすばやく
さがし出すことができる。

ジェイムスは, アフリカゾウ, ライオン, インパラ, ヌー, オカピ,
トムソンガゼル, フラミンゴ, キリン, ワニ, ミーアキャット, チーター,
バッファロー, カバ, イボイノシシ, シマウマ, サイ, ジャッカル, ハイエナ,
人間の, 19しゅるいのうんこを1こずつ手に入れました。

1 ジェイムスは集めたうんこを，3こずつふくろに入れて，あまった分は手で持ち帰りました。うんこの入ったふくろは何ふくろできて，うんこは何こあまりましたか。

式

まず何ふくろ
できるかを
考えるぞい。

答え ＿＿＿＿＿＿＿＿＿ できて， あまった。

2 次にジェイムスは，東京でうんこハンティングをしました。あっという間に，26このうんこを手に入れました。

集めたうんこは3こずつふくろに入れて，あまった分は手で持ち帰りました。うんこの入ったふくろは何ふくろできて，うんこは何こあまりましたか。

式

答え ＿＿＿＿＿＿＿＿＿ できて， あまった。

算数
ポイント｜わり算のあまりは，わる数より小さくなるようにする。

23

かくにん問題

1 うんこハンターのジェイムスが，うんこを59こ手に入れました。
9人の子どもに同じ数ずつ配り，あまった分はかばんにしまいました。
うんこを子ども1人に何こずつ配って，何こあまりましたか。

式

答え _____ ずつ配って， _____ あまった。

2 うんこハンターのジェイムスが，大蛇のうんこを19こ手に入れました。
4こずつ箱につめて，あまった分はすてました。
うんこをつめた箱は何箱できて，うんこは何こあまりましたか。

式

答え _____ できて， _____ あまった。

3 うんこ7こで，1つのビッグうんこを作ることができます。
うんこハンターのジェイムスは，うんこを55こ持っています。
ビッグうんこは何こ作れて，うんこは何こあまりますか。

式

答え _____ 作れて， _____ あまる。

練習問題

1 うんこをこおらせて，「うんこスティック」を**50**本作りました。
友だち**7**人に同じ数ずつあげました。うんこスティックを
何本ずつあげて，何本あまりましたか。

式

答え ＿＿＿＿＿＿ ずつあげて， ＿＿＿＿＿ あまった。

2 弟が，**27cm**のうんこをねんどベラで**4cm**ずつに切ってミニうんこを
作っています。ミニうんこは何こできて，うんこは何cmあまりますか。

式

答え ＿＿＿＿＿＿ できて， ＿＿＿＿＿ あまる。

3 学校に，うんこがぎゅうぎゅうにつまっただんボール箱が，
39箱とどきました。**1**年生から**6**年生まで同じ数ずつ分けます。
1つの学年に何箱ずつ分けられて，何箱あまりますか。

式

答え ＿＿＿＿＿＿ ずつ分けられて， ＿＿＿＿＿ あまる。

4 リアルなうんこを**1**こかくのに，**5**本のえんぴつが
ひつようです。えんぴつが**42**本あるとき，
リアルなうんこを何こかけますか。
また，えんぴつは何本あまりますか。

式

答え ＿＿＿＿＿＿ かけて， ＿＿＿＿＿ あまる。

25

6

超巨大うんこを運べ!!
〜あまりのあるわり算 2 〜

アメリカのマサチューセッツ州にある
研究所で，超巨大うんこが開発されました。
今，この超巨大うんこ23こを，
アメリカから日本へ運ぼうとしています。

あまりにも大きすぎるため，世界でいちばん
大きい超巨大貨物船「ジャイガンダー」
を使っても，一度に5こしか運べません。

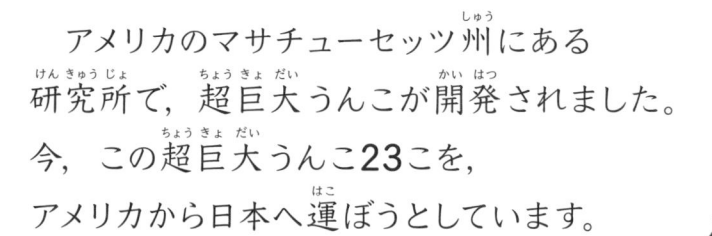

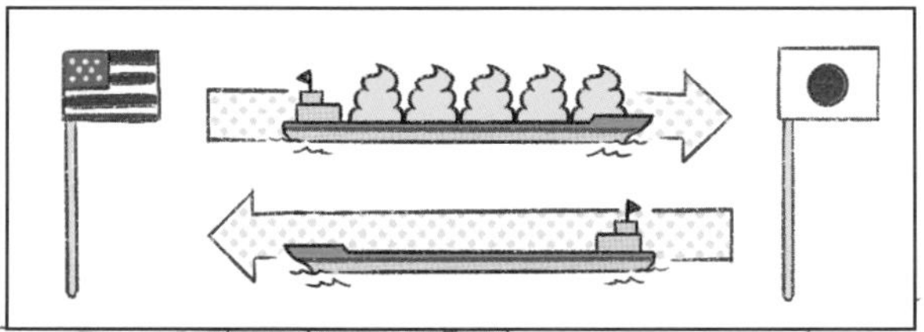

1 「ジャイガンダー」で超巨大うんこ23こを日本まで運ぶとき，何回で全部運べますか。

式

あまった分も，
日本まで運ぶぞい。

答え _____

2 世界で2番目に大きい貨物船「ぴぴにゃん」は，超巨大うんこを3こ運ぶことができます。

「ぴぴにゃん」を使って超巨大うんこ23こを日本まで運ぶとき，何回で全部運べますか。

式

答え _____

かくにん問題

1 うんこで作った巨人像78体をアメリカから
日本に運びます。貨物船で，一度に9体
運ぶことができます。何回で全部運べますか。

式

答え＿＿＿＿＿＿

2 お父さんのうんこを小舟にのせて，川の向こう岸に運びます。
小舟で一度に運べるうんこは8こです。お父さんのうんこは23こ
あります。何回で全部運べますか。

式

答え＿＿＿＿＿＿

3 オオアリクイのうんこ40こを手に入れました。
ランドセルに入れて学校に全部持って
いきたいです。ランドセルには7こしか
入りません。うんこを全部学校に持って
いくには，何回運べばよいですか。

式

答え＿＿＿＿＿＿

4 うんこがつまった箱14箱を，体育館から教室に運びます。
権田原先生は，一度に3箱運ぶことができます。
権田原先生は何回で全部運べますか。

式

答え＿＿＿＿＿＿

1 1本のペットボトルに，うんこを3こずつつめていきます。29このうんこをペットボトルにすべてつめるには，ペットボトルは何本あればよいですか。

式

答え _____

2 うんこをもらす，すん前の人が38人います。4人ずつタクシーに乗って急いで帰ります。タクシーが何台あれば全員うんこをもらさずにすみますか。

式

答え _____

3 42だんの階だんがあります。おじいちゃんが，9だんごとにうんこを1こしながら，いちばん上まで上がりました。階だんには，おじいちゃんのうんこが全部で何こありますか。

式

答え _____

4 絵が58まいならべてあります。7まいごとにりんごの絵が6まい，うんこの絵が1まい，またりんごの絵が6まい，うんこの絵が1まい……というじゅん番でずっとならんでいます。うんこの絵は全部で何まいありますか。

式

答え _____

なぞの3人組あらわる！
～大きい数の計算（わり算）～

日本に運ばれてきた超巨大うんこを，3人組の
うんこ研究者が買いに来ました。

▼研究者3人

◀船長：ロブ

本当はものすごいねだんのする超巨大うんこですが，うんこを運んできた
「ジャイガンダー」の船長ロブさんが，勝手に90円で売ってしまいました。

全部で90円でいいよ。

ありがとう。

1 3人組の研究者は,
同じ金がくずつお金を出し合って,
超巨大うんこを90円で買いました。
1人何円ずつ出しましたか。

大きい数も,
九九を使って
計算できるぞい。

式 _____   答え _____

▲悪のうんこ研究者：リアキーノ   ▲ボス：ブリクソンはかせ   ▲悪のうんこ研究者：ナグニーニャ

3人組の正体は,「悪のうんこ軍団」でした！！

2 ブリクソンはかせたちは,
超巨大うんこを使って, モンスターを
生み出しました。2日間で, 46ぴきの
「ブリブリゴブリン」が生まれてしまいました。
1日で何びきのブリブリゴブリンが
生まれたことになりますか。

式 _____   答え _____

算数ポイント | 大きい数のわり算では, 10 のまとまりやばらに分けて考える。

31

悪のうんこ軍団の目的，それは──

ふういんされた魔神『ダークブリブリ』をふっかつさせて
世界を悪のうんこでうめつくすこと!!

「そのために，まずは目ざわりな正義のうんこ戦士
『うんこボーイ』を消す!!」

あやうし，
うんこボーイ!!

がんばったね
シールを
はろう!

1 うんこせっけん1こで，ガラスの板を2まい
あらうことができます。ガラスの板40まいを
あらうのに，うんこせっけんは
何こあればよいですか。

式

答え＿＿＿＿＿＿

2 ぼくのおばあちゃんは，うんこを90g持っています。9人の孫に
同じ重さずつ分けました。1人何gずつもらいましたか。

式

答え＿＿＿＿＿＿

3 うんこショップで66cmのうんこが
売られていました。3人のお客さんが，
同じ長さずつ分けて買っていきました。
1人何cmずつ買っていきましたか。

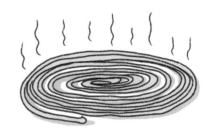

式

答え＿＿＿＿＿＿

4 84円のレインボーうんこを1こ買いました。これは，ふつうのうんこ
4こ分のねだんと同じでした。ふつうのうんこのねだんは，
1こ何円ですか。

式

答え＿＿＿＿＿＿

うんこ転がし祭り

日本で古くからつたわるお祭り,「うんこ転がし祭り」をしょうかいします。

「うんこ転がし祭り」では,
村人の1年間のうんこを
集めて作った大きな
うんこ玉を使います。

大みそかの夜から元日の朝にかけて,
うんこ玉を神社から海岸のがけへ転がし,
さい後はうんこ玉をがけから海へ落として,
新たな1年の幸運を海にいのります。

このときにあがった
水しぶきが大きければ
大きいほど,
えん起がよいとされて
いるんじゃ!

福のうんこ祭り

村人の中からえらばれたその年の「福男」が，自分のうんこを持って村の中をにげ回る。福男のうんこを手に入れると，えん起がよいとされる。

その2

寒中うんこぶりぶり祭り

北海道のある地方の祭り。ふんどし1まいで真冬の海に入り，うんこをする。次の日，自分がしたうんこをさがすためにもう一度海に入る。

その3

巨人のうんこあげ祭り

たて横14mもあるうんこ形の大だこにたくさんのうんこをくくりつけて空にあげる。海外からもかん光客が見にくるほど有名な祭り。

8

34 ページの「うんこ転がし祭り」についての問題に取り組むのじゃ！

1 今年の「うんこ転がし祭り」は，
神社を出発したのが
午前3時40分でした。
うんこ玉を30分転がして，
海岸にたどり着きました。
海岸に着いた時こくは，
午前何時何分ですか。

➡ 右の図を見て考えましょう。

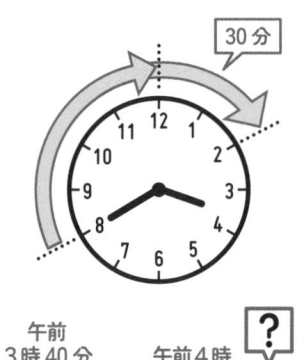

答え _____

30分は，**午前4時まで20分，
午前4時から10分**と考えるぞい。

2 去年の「うんこ転がし祭り」では，
うんこ玉が大きすぎて，
転がすのに50分もかかってしまい，
海岸に着いたのは
午前6時10分でした。
うんこ玉を転がし始めた時こくは，
午前何時何分ですか。

➡ 右の図を見て考えましょう。

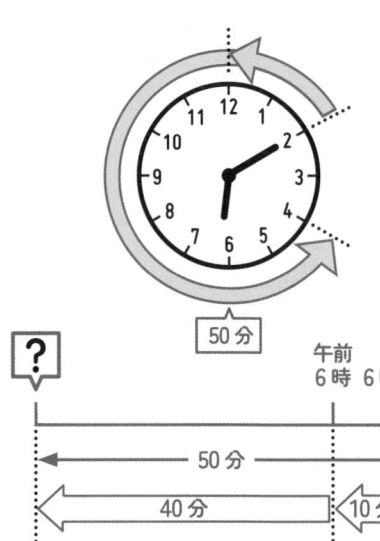

答え _____

「うんこ転がし祭り」の神社（じんじゃ）を出発（しゅっぱつ）するときの男たちの
かけ声で，正しいものはどれかな？ 次（つぎ）の あ ～ え の中から
当ててみよう。

あ

うんこやーうんこや！
おのれのうんこや！
われらのうんこや！
まっかしょの えっさほい！
うんこやーの えっさほい！

い

そーりゃ そーりゃそりゃ
うんこ！うんこ！
そーりゃそりゃそりゃ
うんこだわっしょい！

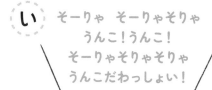

う

らっせー らっせー らっせーら！
うんこをぶりぶり らっせーら！
ぶりぶりぶりぶり らっせーら！
うんこおせ チョイチョイ！
そこどけらっせら！
うんこだ らっせーら！

え かけ声なし（無言（むごん））

早朝は，まだねている
人もいるのう……。

ヒント

算数ポイント｜時こくをもとめるときは，きりのよい時こくで区切（くぎ）って考えるとわかりやすい。

かくにん問題

1 3年前の「うんこ転がし祭り」は，出発が午前7時30分でした。海岸に着いたのは，出発してから40分後でした。
海岸に着いた時こくは，午前何時何分ですか。

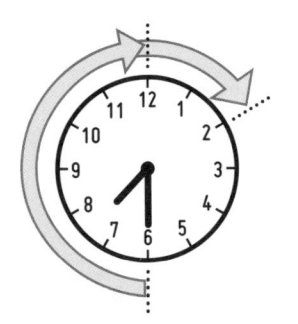

答え _____

2 今年の「福のうんこ祭り」は午後4時50分に始まり，うんこを持った福男が村の中を50分間にげ回りつづけ，つかまりました。福男がつかまった時こくは，午後何時何分ですか。

答え _____

3 今年の「寒中うんこぶりぶり祭り」も，たくさんの男たちが海に入り，30分間うんこをしまくりました。海から出たのは午前10時20分でした。男たちが海に入り始めた時こくは，午前何時何分ですか。

答え _____

4 去年の「巨人のうんこあげ祭り」では，大だこの糸がちぎれて，たいりょうのうんこがばらまかれてしまいました。みんなで川原を40分間そうじして，午後6時30分に終わりました。川原をそうじし始めた時こくは，午後何時何分ですか。

答え _____

1 暑いので，こおらせたうんこをいくつかポケットに入れて
出かけましたが，40分後には全部とけてしまいました。
家を出たのは午前10時30分です。うんこが全部とけた時こくは，
午前何時何分ですか。

答え _____

2 だれかから，「きっかり30分後にうんこをおとどけします！」と
電話がありました。今，午後6時50分です。
うんこがとどく時こくは，午後何時何分ですか。

答え _____

3 お父さんが「うんこが出ない！！」と
40分間さけびつづけています。
今，午前7時20分です。お父さんは，
午前何時何分からさけんでいますか。

答え _____

4 たけしくんは，雲の間に大きなうんこがうかんでいるのを
見つけました。うんこはどんどんふえていき，50分後の午後5時30分
には，空一面がうんこでうめつくされました。たけしくんがさいしょに
空にうかぶうんこを見つけた時こくは，午後何時何分でしたか。

答え _____

9 まばたきせずに，うんこをにらめ！
～時こくと時間 2～

「うんこにらみの業」とは，
まばたきをしないで，なるべく長い時間，
うんこをにらみつづけるというしゅぎょう
です。ぶり次郎が，「うんこにらみの業」
にちょうせんします。

宮本ぶり次郎

でんせつの拳ぼう
「うんこ拳」の達人。

　うんこ拳の※ししょうたちが見守る中，午後2時30分，いよいよ
ぶり次郎の「うんこにらみの業」が始まりました！

※ししょう…「先生」のこと。

1 ぶり次郎は午後3時20分まで，
一度もまばたきをせずにうんこを
にらみつづけました。ぶり次郎は
何分間まばたきをがまんできましたか。

➡ 右の図を見て考えましょう。

午後3時20分
午後2時30分

午後2時30分	午後3時	午後3時20分
? 分		
30分	20分	

答え ＿＿＿＿＿＿＿＿＿＿＿

次の3まいの絵は，ぶり次郎がうんこをにらみ始めて
から，それぞれ何分後の様子かな？　それぞれ線で
むすぼう！

●　　　　　●　5分後

●　　　　　●　50分後

●　　　　　●　1分後

まばたきをがまんしていると，
どんな顔になるかのう。

ヒント

2

ぶり次郎は，午後3時20分から指で目を開いて，さらに1時間15分うんこをにらみました。午後2時30分に「うんこにらみの業」を始めたときからあわせると，全部で何時間何分になりますか。

⬇ 下の図を見て考えましょう。

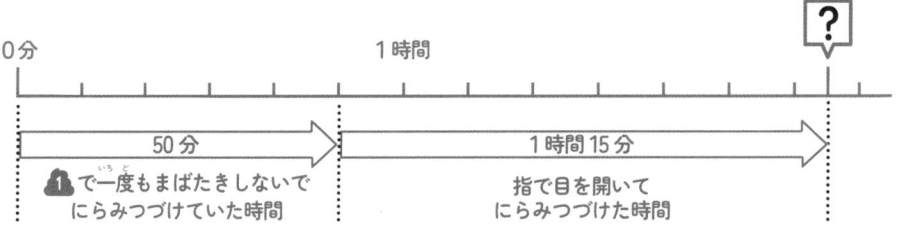

| 0分 | | | | | 1時間 | | | | | | | ? |

→ 50分
→ 1時間15分

1 で一度もまばたきしないでにらみつづけていた時間

指で目を開いてにらみつづけた時間

60分＝1時間じゃな。
答えは1時間65分ではないぞい。

4

答え _____

ぶり次郎の今までのしゅぎょう

1年生と2年生のドリルでも，ぶり次郎はいろいろなしゅぎょうをしているよ。

うんこバランス

うんこぐるぐる

BURI JIRO

算数ポイント｜時間の計算をするときは，60分＝1時間に気をつける。

がんばったね
シールを
はろう！

1 見たこともない形のうんこが出たので，流そうかどうかまよいました。
うんこが出たのは午後4時30分で，流したのは午後5時15分です。
まよっていた時間は，何分ですか。

答え _____

2 先生が，虫めがねで太陽の光を集めて
うんこに火をつける実験をしました。
午前8時15分から始め，火がついたのは
午後3時でした。実験を始めてから火が
つくまで，何時間何分かかりましたか。
※よい子はマネしないでね。

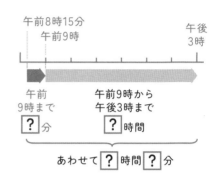

午前8時15分
午前9時
午後3時

午前9時まで ? 分
午前9時から午後3時まで ? 時間

あわせて ? 時間 ? 分

答え _____

3 「うんこウンコUNKO！」は20分のテレビ
番組ですが，来週はとくべつに8分長い放送
になります。来週の「うんこウンコUNKO！」
の放送時間は何分ですか。

答え _____

4 台所にいたときにうんこがもれたので，うんこが落ちないように
2階のトイレまで，ゆっくり歩きました。台所から階だんまで15分，
2階に上がるのに90分，そこからトイレまで20分かかりました。
台所からトイレに行くまでにかかった時間は，何時間何分ですか。

答え _____

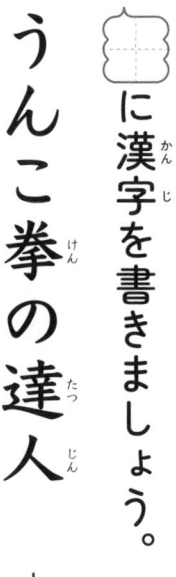

宮本ぶり次郎
伝説

□ に漢字を書きましょう。

うんこ拳の達人

― 宮本ぶり次郎 ―

ぶり次郎は、十才のとき、うんこ拳のしゅぎょうのためにうんこ寺に入門しました。

うんこ拳のきびしいしゅぎょうの中でもいちばん

□ くる

しいと言われているのが、

うんこに

□ む

かって何年もこぶしをかまえつづける「うんこがまえ」です。うんこ拳を

③ □ み

につけるためには、少なくとも三年以上はこれをつづけないといけません。

ほとんどの人が一か月ももたずにやめてしまいますが、

ぶり次郎はなんと二十八年もつづけたのです。

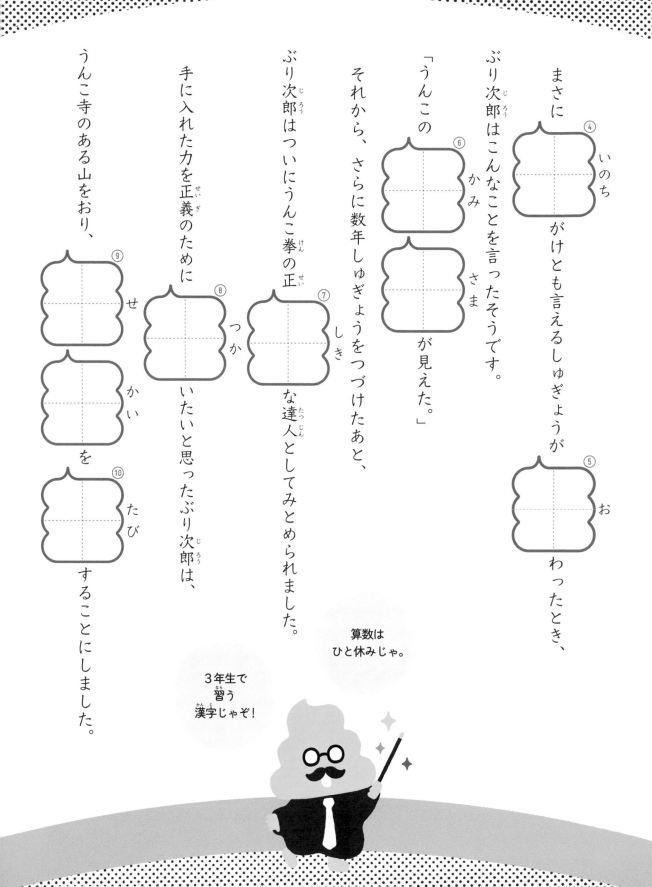

まさに④[　]がけとも言えるしゅぎょうが⑤[　]わったとき、

ぶり次郎（じろう）はこんなことを言ったそうです。

「うんこの⑥[　][　]が見えた。」

それから、さらに数年しゅぎょうをつづけたあと、

ぶり次郎はついにうんこ拳（けん）の正（せい）⑦[　]な達人（たつじん）としてみとめられました。

手に入れた力を正義（せいぎ）のために⑧[　]いたいと思ったぶり次郎は、

うんこ寺のある山をおり、⑨[　][　]を⑩[　]することにしました。

④いのち　⑤お　⑥かみ　さま　⑦しき　⑧つか　⑨せ　かい　⑩たび

算数は
ひと休みじゃ。

3年生で
習う
漢字じゃぞ！

ぼうけん家，うんこぬまを行く
～長さ～

ぼうけん家が，うんこでできた「うんこぬま」を
進んで，コンビニへ行こうとしています。

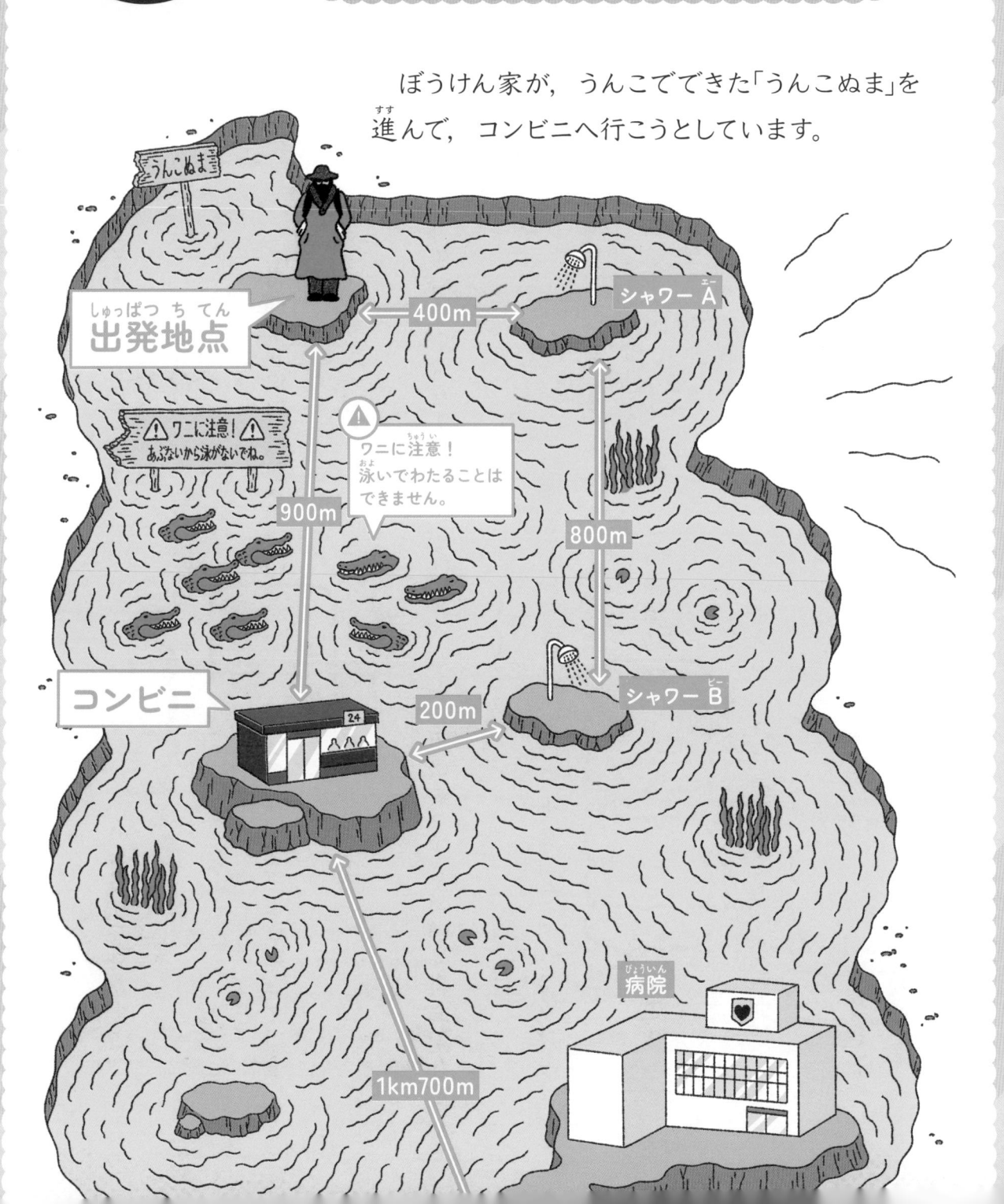

700m

図書館

トイレ

250m

① 出発地点からコンビニまでの
きょりは何mですか。

⬆ 上の地図を見て考えましょう。

答え _____

きょりと道のりのちがいはわかるかのう？

② ぼうけん家は，出発地点からシャワー A・B を
通ってコンビニへ行きました。進んだ道のりは
何mですか。また，何km何mですか。

⬆ 上の地図を見て考えましょう。

式

答え _____ , _____

47

コンビニでトイレを
かしてもらえなかったぼうけん家は,
うんこぬまに1つしかない
「トイレ」まで急いで向かいました。

しかし, 46・47ページの地図の  の場所で
うんこをもらしてしまいました。

ぼうけん家は,
さいしょからトイレに
行きたかったんじゃな。

・・・

3 ぼうけん家がうんこをもらしたのは, 出発地点から
何km何mの場所ですか。シャワー A, B, コンビニを通る
道のりを答えましょう。

⬆ 46・47ページの地図を見て考えましょう。

式

答え _____

コンビニまでの道のりは
2 でもとめたぞい。

 算数
ポイント｜まっすぐにはかった長さをきょり,
道にそってはかった長さを道のりという。

1 スナイパーからうんこまでの
きょりは，何mですか。
右の図を見て答えましょう。

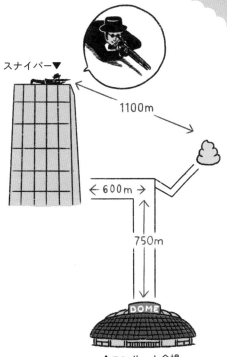

スナイパー▼

1100m

← 600m →

750m

DOME

▲コンサート会場

答え _____

2 スナイパーは，うんこをうつのをやめて
アイドルのコンサートに行きました。
スナイパーがいるビルからコンサート
会場までの道のりは，何km何mですか。
右の地図を見てもとめましょう。

式

答え _____

3 こういちくんは，家から1200m先のうんこショップへ行ってうんこを
買い，うんこショップから2km先の先生の家にとどけました。
こういちくんの家から，うんこショップを通って先生の家までの
道のりは，何km何mですか。

式

答え _____

4 サッカー選手がうんこを600mドリブルしてラグビー選手にわたし，
ラグビー選手はそのうんこを持って800m走って水泳選手にわたし，
水泳選手はそのうんこを持って1km500m泳ぎました。
うんこは全部で何km何mいどうしましたか。

式

答え _____

　うんこ歌手のBuri-yaは，うんこのことだけを歌うミュージシャンです。
Buri-yaは，なかまを集めて「ジ・ウンコーズ」というバンドを
組むことにしました。

ジ・ウンコーズ

　Buri-yaが１人で歌っていたころに作ったうんこの曲は，495曲ありました。
バンドを組んだあと，Buri-yaは，さらに492曲作りました。

1 Buri-ya（ブリヤ）は，うんこの曲をあわせて何曲作りましたか。

式

答え _____

筆算を使って
計算するんじゃ。

2 ジ・ウンコーズのメンバーは，
新曲「マイうんこ，マイドリーム」を練習しています。

バンドのメンバーが上手にえんそうできるようになるまで，
999時間かかりました。さらに，Buri-ya（ブリヤ）がかっこよく
歌えるようになるまで，57時間かかりました。
あわせて何時間かかりましたか。

筆算

式

答え _____

算数
ポイント ｜ たし算の筆算は，位をそろえて一の位からじゅんに計算する。

51

かくにん問題

筆算

1 Buri-yaは，新曲「空っぽのうんこ」を作るのに
135時間，歌の練習に563時間かかりました。
あわせて何時間かかりましたか。

式

答え＿＿＿＿＿＿＿

2 新曲「うんこがうんこてであるように」を
バンドのメンバーがえんそうできる
ようになるのに92分，Buri-yaが
かみがたを整えるのに773分
かかりました。あわせて何分かかりましたか。

式

答え＿＿＿＿＿＿＿

3 新曲「会いたいよ，うんこ」は，
「うんこにーうんこにー」を529秒くり返したあと，
「会いたいよー」と69秒さけんで終わる曲です。
全部で何秒の曲ですか。

式

答え＿＿＿＿＿＿＿

4 コンビニで，ジ・ウンコーズの新曲
「ウンコニナッチャイソウ」のCDを1まいと，
ざっしを1さつ買いました。CDは803円，
ざっしは618円でした。代金はいくらでしたか。

式

答え＿＿＿＿＿＿＿

練習問題

筆算

1 お父さんのメモ帳が2さつありました。
1さつ目を開くと，「うんこ」という
言葉だけが507回書かれて
いました。2さつ目には「うんこ」が
724回書かれていました。「うんこ」
という言葉は，あわせて何回
書かれていましたか。

式

答え _____

2 うんこの写真のポスターが駅前にはられています。
きのうは17まいでしたが，今日はさらに368まい
ふえていました。全部で何まいになっていましたか。

式

答え _____

3 うんことうんこの間に橋をかけています。今，
120mまでできました。のこりは999mです。
うんことうんこの間のきょりは何mですか。

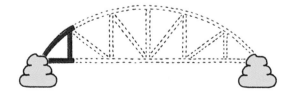

式

答え _____

53

かっぱさんとうんこ水
～大きい数の計算 2～

「かっぱの頭のお皿に※うんこ水をたらすとおこるらしい」といううわさが流れたので、かっぱを2ひきよんでためしてみました。　※うんこ水…うんこをとかした水

かっぱ1はうんこ水を179てきたらしたところでおこったので、やめました。

かっぱ2はうんこ水を296てきたらしたところでおこったので、やめました。

1 かっぱ2は，かっぱ1よりも何てき多くうんこ水をたらされましたか。

式

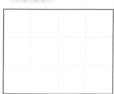

くり下がりの
計算に注意じゃ！

答え ＿＿＿＿＿＿＿

筆算

2 もっと多くのかっぱでためさないとわからないので，かっぱを
590ぴき集めました。590ぴきのうち，98ひきは
いくらうんこ水をたらされてもおこりませんでした。

かっぱ590ぴきのうち，うんこ水をたらされるとおこるかっぱは，
何びきいましたか。

式

答え ＿＿＿＿＿＿＿

筆算

算数
ポイント ｜ ひき算の筆算は，位をそろえて一の位からじゅんに計算する。

55

かくにん問題

筆算

1 水にうんことハチミツをとかしたものを，かっぱの皿にたらします。かっぱ1は896てき，かっぱ2は565てきたらしたところで色がかわりました。かっぱ1はかっぱ2より何てき多くたらされましたか。

式

答え＿＿＿＿＿＿

2 水にうんことハチミツとドレッシングをとかしたものを，かっぱの皿にたらします。かっぱ1は952てき，かっぱ2は960てきたらしたところでうんこをもらしました。どちらのかっぱが何てき多くたらされましたか。

式

答え＿＿＿＿＿＿ が， 多い。

3 かっぱ508ひきが，「うんこ水をもっとくれ」と集まってきました。そのうち，97ひきにはあげられませんでした。うんこ水がもらえたかっぱは何びきですか。

式

答え＿＿＿＿＿＿

4 かっぱ734ひきと半魚人269ひきが，うんこ水のプールで楽しそうに泳いでいます。どちらが何びき多いですか。

式

答え＿＿＿＿＿＿ が， 多い。

練習問題

1 長さ778cmのうんこを持って，ウォーター
スライダーに乗りました。下のプールに着いたとき，
うんこは313cmになっていました。
とちゅうで何cm短くなりましたか。

筆算

式

答え _____

2 うんこのかそうをする「うんこ
ハロウィン」に803人が集まり
ました。そのうち子どもは96人で，
のこりは大人でした。
「うんこハロウィン」に，大人は何人いましたか。

式

答え _____

3 ぼうけん家が，高さ900mのうんこをよじ登って
います。しかしまだ9mしか登っていません。
うんこのてっぺんまであと何m登ればよいですか。

式

答え _____

モレール谷のきょうふ
〜大きい数の計算3〜

アルプス地方には，「モレール谷」というおそろしい場所があります。

モレール谷を通った人は，なぜか絶対にたいりょうのうんこをもらしてしまうので，昔から，この谷を旅人は通りたがらなかったそうです。

どんな強い戦士も，
どんな美しい王女も，

どんな偉大な王様でも，
たいりょうのうんこをもらしたそうです。

1 去年，モレール谷でうんこをもらした人は，女の人が1100人，男の人が3650人でした。去年モレール谷でうんこをもらした人は，全部で何人ですか。

式 _____

答え _____

筆算

モレール谷の横には，これまで旅人がもらしたうんこが
つみ重なってできた大きな山「モレータ山」があります。

2 モレータ山の高さは，
昔は**8849m**ありました。
3年前に上のほうのうんこが
くずれて，**2550m**ひくく
なりました。今のモレータ山の
高さは何mですか。

▲昔のモレータ山

式

答え ＿＿＿＿＿＿＿＿＿

筆算

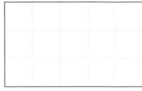

くり下がりに気をつけて計算するんじゃぞ。

算数
ポイント ｜ たし算やひき算の数が大きくなっても，
筆算は位をそろえて，一の位からじゅんに計算する。

59

かくにん問題

筆算

1 3年前, モレール谷でうんこをもらした子どもは
2986人, 大人は3899人でした。3年前, モレール谷でうんこをもらした人は, あわせて何人ですか。

式 _____

答え _____

2 モレール谷では, これまでに
9574人の戦士と158人の詩人が
うんこをもらしたと言われています。
うんこをもらした戦士と詩人は
あわせて何人ですか。

▲ 詩人

式 _____

答え _____

3 モレータ山の高さ5654mのところからうんこの
かたまりが転げ落ち, 4677m下まで落ちて
やっと止まりました。うんこのかたまりが止まった
ところは, 高さ何mのところですか。

式 _____

答え _____

4 モレータ山を登っていた旅人が, 高さ383mの
ところでうんこがしたくなり, 高さ1902mの
ところでもらしました。旅人は, うんこをしたく
なったところからうんこをもらしたところまで,
何m登りましたか。

式 _____

答え _____

練習問題

1 ビルの屋上から9138m上空でうんこをしました。ビルの屋上の高さは674mです。地面から何mの高さでうんこをしたことになりますか。

筆算

式

答え＿＿＿＿＿＿

2 どうくつの中から, 羽の生えたうんこ6295ひきと, ヘビのように長いうんこ1405ひきが, 次々にとび出してきました。 とび出してきたうんこは, あわせて何びきですか。

式

答え＿＿＿＿＿＿

3 「うんこを両手に持って3928回回るとまほうが使えるようになる」と聞いた弟が, がんばって回っています。今, 1998回回りました。弟はあと何回回ればよいですか。

式

答え＿＿＿＿＿＿

4 おしろの絵のパズルは2718ピース, うんこの絵のパズルは5436ピースです。 どちらの絵のパズルが何ピース多いですか。

式

答え＿＿＿＿＿＿＿＿の絵のパズルが, ＿＿＿＿＿多い。

天才はかせの「うんこマシンガン」
〜かけ算の筆算1〜

天才はかせが，新しい武器を
作っています。

今作っているのは，うんこを
ものすごい速度で発射できる
「うんこマシンガン」です。

天才はかせ
うんこの力を研究している
なぞのはかせ。

「うんこマシンガン」が1秒間で発射できるうんこの数は，24こです。

1 「うんこマシンガン」が3秒間で発射できるうんこの数は何こですか。

式

答え ＿＿＿＿＿＿＿

筆算

「24×3」を
「4×3」と「20×3」に
分けて考えるのじゃ。

2 天才はかせは，うんこをするときに足をげんかいまで左右に開きます。はかってみると，長さ23cmのカステラの箱がちょうど6こ分ならべられました。

このとき，天才はかせは足を何cm開いてうんこをしていましたか。

筆算

式

答え ＿＿＿＿＿＿＿

 | 算数ポイント | かけ算の筆算では，一の位からじゅんに計算する。

63

かくにん問題

1 天才はかせが,「うんこマシンガン」を7台ならべて, それぞれうんこを85こずつ発射しました。 発射されたうんこの数は, 全部で何こですか。

式

答え _____

2 「うんこマシンガン」は, ネズミのうんこなら1秒間で77こ発射できます。「うんこマシンガン」が6秒間で発射できるネズミのうんこの数は, 何こですか。

式

答え _____

3 天才はかせがうんこをしていました。 足の間に, 横はば36cmの 植木ばちがちょうど3こ入りました。 天才はかせはこのとき, 足を 何cm開いてうんこをしていましたか。

ブリブリ

式

答え _____

4 天才はかせが走りながらうんこを2こしました。 1こ目と2こ目のうんこの間に, 長さ53cmの かさがちょうど9本入りました。 1こ目と2こ目の うんこの間の長さは何cmですか。

式

答え _____

かんばったね
シールを
はろう！

筆算

1 イギリス，中国，ブラジル，エジプトの4つの国から，それぞれ97こずつうんこが集められました。全部で何このうんこが集められましたか。

式

答え _____

2 「スーパーうんこささえ棒」は，1本で63このうんこをささえることができます。「スーパーうんこささえ棒」8本で，何このうんこをささえられますか。

式

答え _____

3 げいじゅつ家が，うんこを持って道ばたでおどっています。45分間のおどりを6回れんぞくでおどりました。げいじゅつ家は，あわせて何分うんこを持っておどりましたか。

式

答え _____

4 権田原先生が，校庭に高さ57cmの台を7こつみ上げた上でうんこをしていました。権田原先生は，高さ何cmのところでうんこをしていましたか。

式

答え _____

ぬるだけで寿命がのびるうんこ!?
～かけ算の筆算2～

日曜日, 新聞を読んでいたお父さんが「えーーっ!!!!」とさけびました。

お父さんは「1にぬるだけで396日寿命がのびるうんこ」を大急ぎで
2こ買ってきて, さっそく全身にぬりたくってみました。

 お父さんは, 何日寿命がのびたことになりますか。

筆算

 式

答え _____

次の日曜日，新聞を読んでいたおじいちゃんが
「のえええ〜〜〜っっっ！！？」とさけびました。

おじいちゃんは「ぬるだけでもっと寿命がのびるうんこ」を
ダッシュで**7**こ買ってきて，さっそく全身にぬりたくってみました。
１こぬるだけで，**723**日も長生きできるそうです。

2 おじいちゃんは，何日寿命が
のびたことになりますか。

くり上がりに気をつけて
計算するのじゃ。

式

答え _____

筆算

| 算数ポイント | かけられる数が3けたになっても筆算のしかたは同じ。くり上がりに気をつける。 |

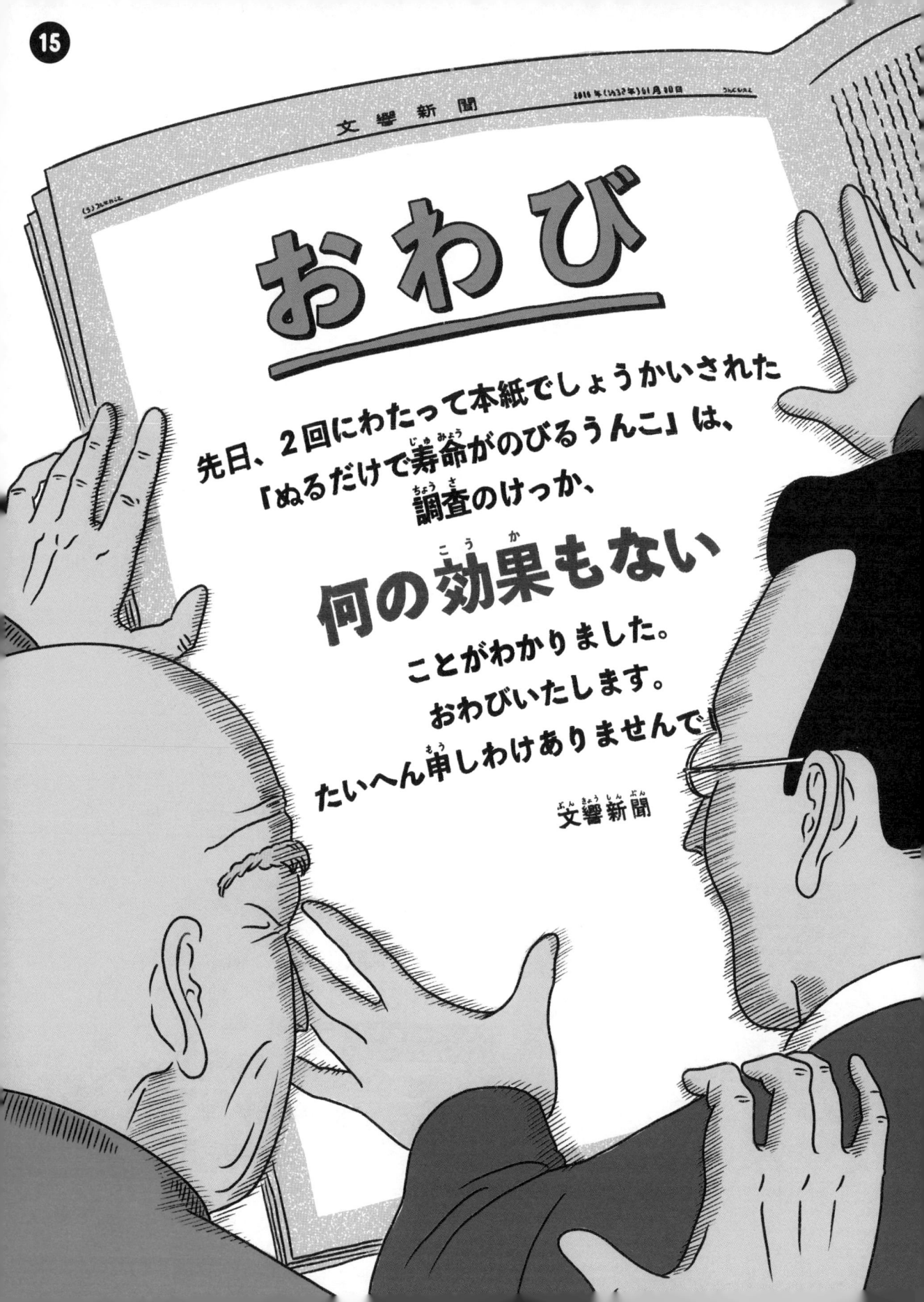

1 もえさかる巨大うんこを1こ消火するのに，水を
421L使います。2こ消火するには，何Lの水が
ひつようですか。

式

答え _____

2 お父さんは，うんこをするたびに
あせをふきます。1回にティッシュ
を987まい使います。
お父さんが8回うんこをすると，
ティッシュを何まい使いますか。

※よい子はマネしないでね。

式

答え _____

3 妹にさいふをわたしたら，1こ550円の
「うんこを銀色の絵の具でぬっただけのもの」
を6こも買ってきました。妹は何円はらいましたか。

式

答え _____

4 けんすけくんは，「うんこ」という名前をつけたのが
だれなのかを図書館で7日間ずっと調べています。
1日に804さつずつ調べました。
けんすけくんは，全部で何さつの本を調べましたか。

式

答え _____

16 うんこエスパー翔の「うんこ変身」
～倍の計算～

うんこエスパー翔が14才の
とき,「うんこ変身」という
ものすごい能力が使えるように
なりました。

手のひらにうんこをおいて1時間
以上見つづければ,そのうんこに
1分間変身できるようになったの
です。

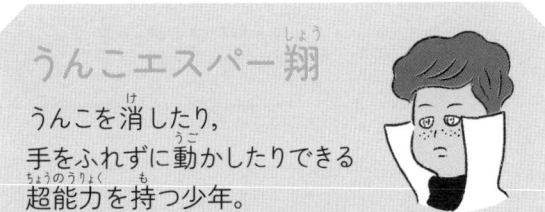

うんこエスパー翔
うんこを消したり,
手をふれずに動かしたりできる
超能力を持つ少年。

「人間がうんこに変身できる
なんて!」と,大人たちは
おどろきました。

しかし,ならべてみると,どうやら翔のうんこはもとのうんこより
うんこのだんがふえてしまっている,ということがわかりました。

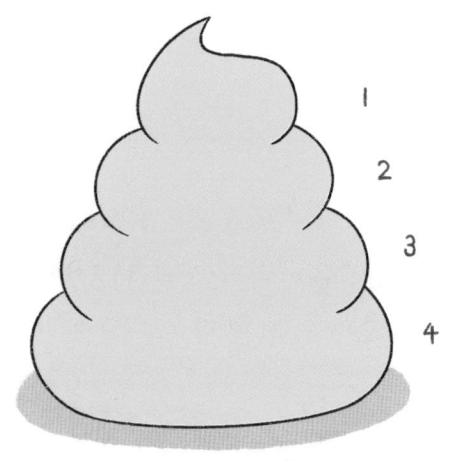

もとのうんこ

翔が変身したうんこ

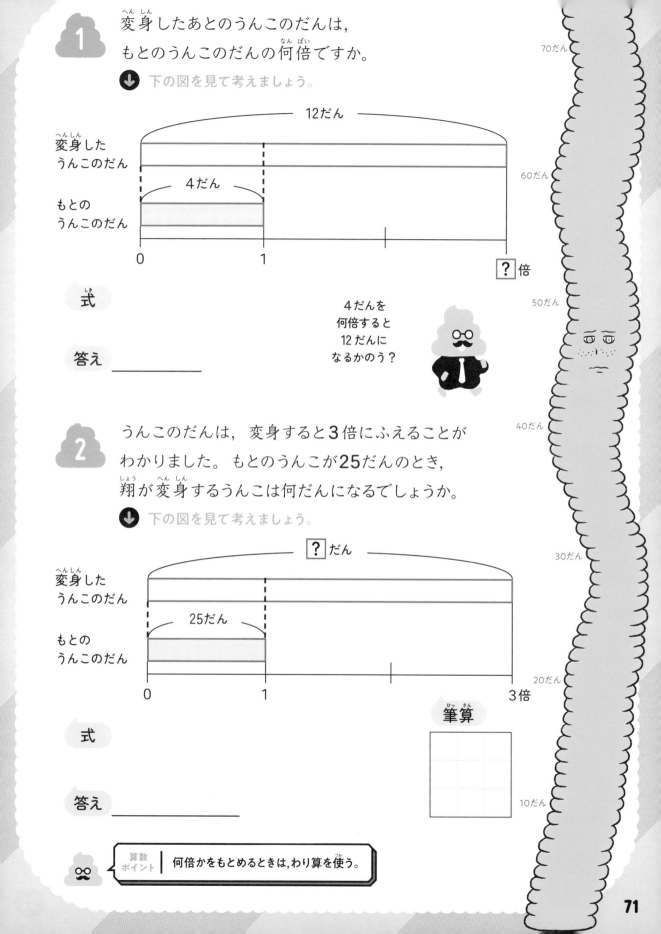

1 変身したあとのうんこのだんは,
もとのうんこのだんの何倍ですか。

⬇ 下の図を見て考えましょう。

12だん

変身した
うんこのだん

4だん

もとの
うんこのだん

0   1   ?倍

式

答え _____

4だんを
何倍すると
12だんに
なるかのう？

2 うんこのだんは, 変身すると3倍にふえることが
わかりました。 もとのうんこが25だんのとき,
翔が変身するうんこは何だんになるでしょうか。

⬇ 下の図を見て考えましょう。

?だん

変身した
うんこのだん

25だん

もとの
うんこのだん

0   1   3倍

式

答え _____

筆算

算数
ポイント ｜ 何倍かをもとめるときは,わり算を使う。

70だん

60だん

50だん

40だん

30だん

20だん

10だん

かくにん問題

筆算

1 翔が6だんのうんこをまねてうんこ変身をしたら，
48だんのうんこになってしまいました。
だんの数は， 6だんのうんこの何倍ですか。

式

答え＿＿＿＿＿＿

2 翔が8だんのうんこをまねてうんこ変身をしたら，
72だんのうんこになってしまいました。
だんの数は， 8だんのうんこの何倍ですか。

式

答え＿＿＿＿＿＿

3 翔が37だんのうんこをまねてうんこ変身を
したら， だんの数が4倍になってしまいました。
翔は何だんのうんこになりましたか。

式

答え＿＿＿＿＿＿

4 翔が142だんのうんこをまねてうんこ変身を
したら， だんの数が5倍になってしまいました。
翔は何だんのうんこになりましたか。

式

答え＿＿＿＿＿＿

練習問題

かんばったね シールを はろう!

筆算

1 先生が, のびるうんこ「ノビ～ル君」を学校に持ってきました。さいしょの長さは5cmでしたが, ひっぱると25cmの長さになりました。長さは何倍になりましたか。

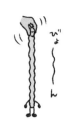

びょ～～ん

式

答え _____

2 お父さんは, 去年83回うんこをもらしました。おじいちゃんは, その9倍もらしたそうです。おじいちゃんが去年うんこをもらした回数は何回ですか。

式

答え _____

3 こういちくんが買おうと思っていたうんこ用カッターナイフは, きのうまで274円でしたが, テレビでしょうかいされて人気になり, ねだんが6倍になってしまいました。こういちくんが買おうと思っていたうんこ用カッターナイフは, 何円になりましたか。

式

答え _____

4 ふつうの人が1分間でにぎりつぶせるうんこの数は8こですが, ぶり次郎は1分間で56このうんこをにぎりつぶせます。ぶり次郎が1分間でにぎりつぶせるうんこの数は, ふつうの人の何倍ですか。

式

答え _____

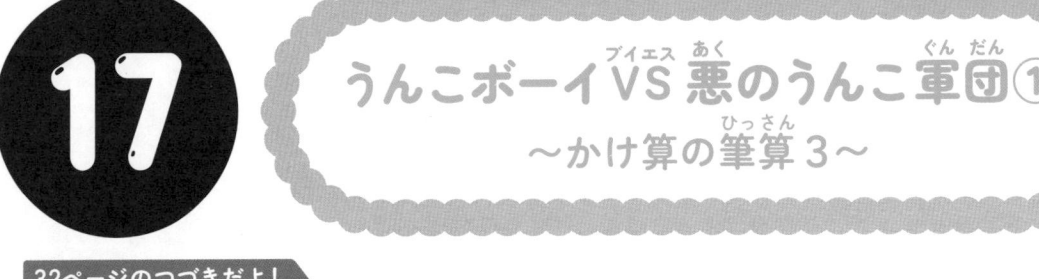

うんこボーイ VS 悪のうんこ軍団①
〜かけ算の筆算3〜

32ページのつづきだよ！

悪のうんこ軍団とブリブリゴブリンたちが，町をこわしてあばれています。

うんこボーイがたたかっていますが，やられてしまいそうです。

▲うんこボーイ

▲ブリブリゴブリン

▲悪のうんこ軍団

そのとき。

うんこボーイ！！これを使うんじゃ！

▲天才はかせ

　うんこボーイは，天才はかせの作った新しい「うんこマシンガン」の
おかげで，ブリブリゴブリンをたおすことができました。

1 新しい「うんこマシンガン」は，1秒間に発射できるうんこの数が48こにふえていました。12秒間では，何このうんこを発射できますか。

式

答え＿＿＿＿＿＿＿

筆算

2 うんこボーイは，ブリブリゴブリンに「うんこマシンガン」を使って，99秒間うんこをうちつづけ，やっとたおしました。うんこボーイはうんこを何こ発射しましたか。

式

答え＿＿＿＿＿＿＿

1秒間に発射できるうんこの数は，
 1 と同じじゃぞ。

筆算

おや…。
やられたはずのブリブリゴブリンの様子がおかしい！

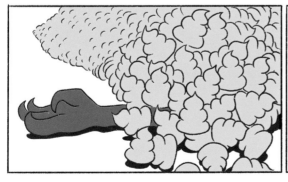

82ページにつづく！

算数ポイント | かける数が2けたのときは，一の位のかけ算をしたあとに，十の位のかけ算をする。

かくにん問題

1 「うんこマシンガン」は，1秒間にチンパンジーのうんこを50こ発射できます。「うんこマシンガン」が14秒間で発射できるチンパンジーのうんこの数は，何こですか。

筆算

式

答え _____

2 1秒間に65ことんでくるうんこを，ボクサーがすべてパンチで打ち落としています。46秒間で，何このうんこを打ち落としますか。

式

答え _____

3 うんこが入った大きなタンクがわれて，1秒間に73Lのうんこがふき出しています。39秒間で何Lのうんこがふき出しますか。

式

答え _____

1 こういちくんは，うんこについて気づいたことを，
1日に60まいずつ作文用紙に書いています。
15日間では，作文用紙を何まい使いますか。

筆算

式

答え＿＿＿＿＿＿＿＿

2 うんこまみれの人が37人います。
シャワーをあびてうんこをあらい
落とすのに，1人45秒かかります。
全員がシャワーをあびるためには，
何秒あればよいですか。

式

答え＿＿＿＿＿＿＿＿

3 うんこ歌手のBuri-yaが，
新曲「クリスマスうんこを君と…」のCDを
路上で売っていました。1まい94円で，
これまでに35まい売れたそうです。このCDの
売り上げは何円ですか。

式

答え＿＿＿＿＿＿＿＿

4 重さ38kgのうんこ79こをのせて，ヘリコプターが
とび立ちました。ヘリコプターにのっている
うんこの重さは，全部で何kgですか。

式

答え＿＿＿＿＿＿＿＿

18

すごうでシェフの神技
～かけ算の筆算 4 ～

すごうでシェフのプリナレフが，猛スピードでうんこをスライスしています。

1 プリナレフは，1分間でなんと456まいのうんこスライスを作ることができるそうです。
プリナレフは，37分間うんこをスライスしつづけました。全部で何まいのうんこスライスができましたか。

式

答え _____

筆算

プリナレフのししょうのモラッシは,
包丁を使わず, 手でうんこを
たたきつぶしてペラペラにします。

2 モラッシは, 1分間で575このうんこをたたきつぶせるそうです。
68分間では何このうんこをたたきつぶせますか。

式

答え _____

筆算

数が大きいから, 筆算を使って
ていねいに計算するんじゃぞ。

近日
発売予定!!

おうちで手軽に
うす〜い
うんこスライスが
できる!

うんこスライサー **8,900,000**円(税別)

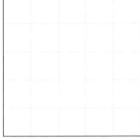

プリナレフ 推しょう

算数
ポイント | かけられる数が大きくなっても,位ごとに計算する。

かくにん問題

1 プリナレフは，左手で包丁を持っても1分間で
307まいのうんこスライスを作ることができます。
24分間だと何まいのうんこスライスを作れますか。

筆算

式

答え _____

2 プリナレフが，「うんこ串」を作っています。
プリナレフは，1時間で540本の
「うんこ串」を作れるそうです。
37時間で何本の「うんこ串」を
作りましたか。

式

答え _____

3 モラッシはわかいころ，うんこを1分間で799こずつ
65分間たたきつぶしつづけたことがあったそうです。
そのときたたきつぶしたうんこは，全部で
何こですか。

式

答え _____

4 モラッシが，ゆかにこぼれたうんこのかけらを
そうじきですっています。1秒間で695この
かけらをすうことができます。80秒間で何この
うんこのかけらをすうことができますか。

式

答え

筆算

1　「ウンコロガルン」という薬をうんこにかけると，うんこが勝手にころころ転がります。1てきで205秒間転がります。35てきかけると，何秒間転がりつづけますか。

式

答え _____

2　うんこで船を作りました。1隻に140人乗ることができます。28隻のうんこ船を作ると，何人乗ることができますか。

式

答え _____

3　うんこの妖怪がおそってきました。79人のおぼうさんが，1人786ぴきずつうんこの妖怪をたいじしました。全部で何びきのうんこ妖怪をたいじしましたか。

式

答え _____

4　1さつ584円の人気まんが「うんこだ！竜斗」を1かんから90かんまで買いました。代金は何円でしたか。

式

答え _____

19

うばわれた「メガウンコZ」
～小数のたし算～

75ページのつづきだよ！

これは，うんこボーイが使い終わった
「メガウンコZ」のボトルです。
中には少しずつうんこエネルギーが
のこっています。
この「メガウンコZ」の力をねらっている者がいました。
ブリクソンはかせと，ブリブリゴブリンです。

▼ブリブリゴブリン

▼ブリクソンはかせ

１ぴきのブリブリゴブリンが，ボトルにのこった「メガウンコZ」を
飲んでブリブリドラゴンへと進化してしまいました…！

▲ブリブリドラゴン

1 ブリブリゴブリンが飲んだボトルは下の2本です。
あわせて何Lですか。

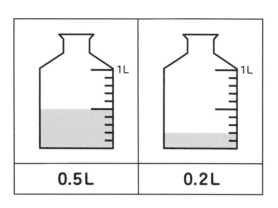

| 0.5L | 0.2L |

0.1の何こ分に
なるかのう。

式

答え _____

2 ブリブリゴブリンは身長が2.7mです。
ブリブリドラゴンになると
1.3mのびていました。
ブリブリドラゴンの身長は
何mですか。

式

答え _____

4.0は4と同じじゃぞ。

筆算

算数ポイント｜小数の筆算は位をそろえて書き, 整数と同じように計算する。
さい後に答えの小数点を上の小数点にそろえてうつ。

102ページにつづく!

かくにん問題

1 少しずつ中身(なかみ)が入った「メガウンコ Z(ゼット)」が2本
あります。それぞれ0.7Lと1.9Lのこって
います。「メガウンコ Z(ゼット)」は，あわせて何Lですか。

筆算(ひっさん)

式(しき)

答え＿＿＿＿＿＿

2 1Lの「メガウンコ Z(ゼット)」に0.8Lのサイダーをまぜま
した。あわせて何Lですか。

式

答え＿＿＿＿＿＿

3 身長(しんちょう)5.4mのキリンが，高さ3.6mのうんこの上に
立っています。高さはあわせて何mになりますか。

式

答え＿＿＿＿＿＿

4 身長2.7mのブリブリゴブリンが，
あなに落(お)ちました。
ブリブリゴブリンの
頭のてっぺんから地面(じめん)まで
2.3mありました。
あなの深(ふか)さは何mですか。

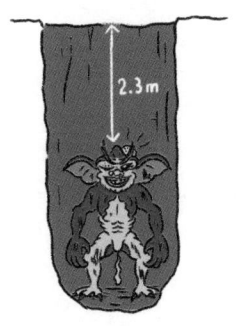

2.3m

式

答え＿＿＿＿＿＿

がんばったね
シールを
はろう！

1 しお0.4gとシナモン2.9gを，うんこにかけました。
うんこにかけたりょうは，あわせて何gですか。

筆算

式

答え _____

2 バッタがうんこに向かってジャンプしました。
1回目のジャンプで6.3cm，2回目のジャンプで
3.7cmとんで，うんこの上に着地しました。
ジャンプする前にバッタがいたところから
うんこまでは，何cmありましたか。

式

答え _____

3 なべでわかした熱湯4.6Lをうんこにかけたあと，
よくひやした水3.9Lをかけました。熱湯と水を，
あわせて何Lかけましたか。

式

答え _____

4 高さ5.8mの岩の上に，うんこを頭に
のせた身長3mのハイイログマが
立っています。うんこは地面から
何mのところにありますか。

式

答え _____

20 うんこに近づくカメラマン
～小数のひき算～

写真家が，うんこにぎりぎりまで近づいてさつえいしています。
今，写真家のかまえたカメラとうんこのきょりは**8.7cm**です。

何まいか写真をとっているうちに，だんだんもり上がってきた写真家は，
さらに**8.4cm**うんこに近づきました。

1 写真家のカメラとうんこのきょりは，何cmになりましたか。

筆算

式

答え _____

うんことくっつきそうなところ
まで近づいているんじゃな。

2 写真家はうんこをさつえいするとき，
お茶をたくさん飲みます。さつえいの
前に用意したお茶50Lが，さつえいが
終わったあとには，0.3Lにへって
いました。写真家は，お茶を何L飲みましたか。

筆算

式

位をそろえて計算するぞい。

答え _____

スーパー
うんこ
問題

このとき写真家がとった
写真は，次のうちどれかな？

すごく近いときは
どううつるかのう？

ヒント

あ

い

う

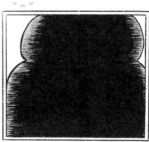

算数
ポイント | 小数が入った計算では，50などの整数は50.0と考えて位をそろえる。

かくにん問題

1 今,写真家とうんこのきょりは
1.4cmです。写真家が0.8cm
うんこに近づくと,きょりは
何cmになりますか。

筆算

式

答え _____

2 研究者がうんこをじろじろ見て調べています。
研究者とうんこのきょりは1cmでしたが,
うんこが急に0.7cm研究者に近づきました。
研究者とうんこのきょりは何cmになりましたか。

式

答え _____

3 コーラが23Lあります。写真家がうんこを
さつえいしながらゴクゴク飲んで,2.2Lだけ
のこりました。写真家はコーラを何L飲みましたか。

式

答え _____

4 写真家が「うんこにグレープジュースをかけて
さつえいしたい」と言うので,グレープジュースを
4.8L用意しました。そのうち2.8Lをうんこにか
けました。グレープジュースは何Lのこりましたか。

式

答え _____

筆算

1 高さ1.9mのトンネルがあります。高さ0.6mの
うんこ玉を転がして通るとき，うんこ玉の
上は何mあいていますか。

式

答え _____

2 ぼくは，1秒でうんこをすることができます。
こういちくんは，ぼくよりも0.4秒早くうんこを
することができます。こういちくんは，何秒で
うんこをすることができますか。

式

答え _____

3 砂鉄が40gあります。お父さんの
うんこを近づけるとなぜか
すいつけられていき，4.5gだけ
のこりました。お父さんのうんこに
すいついた砂鉄は何gですか。

式

答え _____

4 うんこのかたまり9.6kgをかかえて，スカイダイビング
をしました。とちゅうでうんこが9.1kgとびちって
なくなりました。地面に着いたとき，かかえていた
うんこは何kgになっていましたか。

式

答え _____

21 うんこを鼻息だけで動かせる少年
~重さ~

6月1日
ぼくのクラスに, すぐるくんという「うんこを鼻息だけで動かせる」
という男の子が転校してきました。ぼくもみんなも
「そんなことできるわけないよ」と思いました。

6月7日
皿の上に, 大きなうんこがのっています。
その前で, 転校生のすぐるくんが, 目をとじて何度か
ゆっくりと深こきゅうをしています。

次のしゅん間。

すぐるくんはうんこに顔を近づけ, 鼻息を出しました。
すぐるくんの2つの鼻のあなからふき出したものすごい強さの
風が, 皿ごとうんこを動かしました。

1 皿は200g，うんこは1000gでした。
鼻息で動いたものの全体の重さは何gですか。
また，何kg何gですか。

式

答え ＿＿＿＿＿＿＿＿＿＿＿＿＿＿＿＿＿

1000gは
何kgかのう？

2 1 でとばされたうんこ1000gが，ぼくの頭にのりました。
そのときのぼくの重さをはかると，30.4kgでした。
うんこがのる前のぼくの体重は何kgですか。

式

答え ＿＿＿＿＿＿＿

1000gのうんこを1kgと
考えて計算するのじゃ。

算数
ポイント｜ 重さの計算では，同じたんいどうしを計算する。
「1000gは1kg」というたんいどうしのかんけいもおぼえておく。

すぐるくんは，「うんこを鼻息で動かせる」という自分の
とくぎに名前をつけているよ！何という名前かな？
次のあ～この中から当ててみよう！

あ　鼻嵐 ～はなあらし～

い　ファイナル・ウインド

う　ゼウスの怒り

え　そよ風〜スカイブルー

お　地球の怒り

か　ザ・ターボ

き　怒りの竜巻き

く　ノーズ・ハリケーン・ラブ

け　ジ・エンド・アンド・ザ・ビギニング

こ　すぐるの暴風注意報

やっぱり自分の名前は
入れるんじゃな。

ヒント

かんばうたね
シールを
はろう!

1 ねているお父さんのおでこに500gの
こけしをのせ，その上に900gのうんこを
のせました。あわせて何gのせましたか。
また，何kg何gですか。

式

答え _____

2 うんこで作ったじょうぶなゴムがあります。
6kg200gのおもりをつけてもちぎれません
でした。さらに1kg400gのおもりをつけると
ちぎれてしまいました。ちぎれたときの
おもりの重さはあわせて何kg何gですか。

式

答え _____

3 姉が，ぼくのうんこをかかえて体重計にのると31kgでした。
姉の体重は28kgです。ぼくのうんこは何kgですか。

式

答え _____

4 おじいちゃんが，「1tあったはずのうんこコレクションが999kgに
なっている！」と朝からずっとさけんでいます。おじいちゃんの
うんこコレクションは，何kgへっていますか。

式

答え _____

22

うんこ花を育ててみよう
～分数～

うんこ花というめずらしい花があります。

UNKO FLOWER
うんこ花の育て方

うんこ花は育てるのがむずかしい花ですが，
せい長すると，とても見事なうんこの形の
花をさかせます。うんこ花を育てるためには…

1 朝，$\frac{2}{9}$ Lの水をあたえる

2 昼までの間に，「うんこ」という声を
800回聞かせてあげる

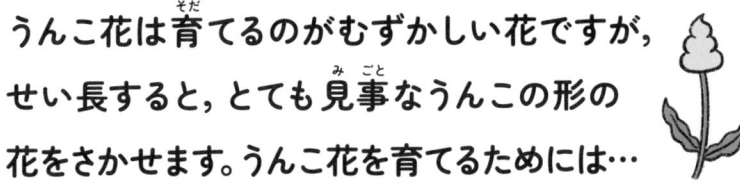

3 昼，$\frac{5}{9}$ Lの水をあたえる

4 夜，はち植えにふたをかぶせて，
1tの重りをのせる

5 朝5時までに重りをどかして，
900回あやまる

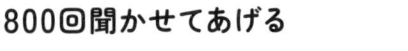

6 1週間に合計 $\frac{5}{7}$ Lのひりょうをあたえる

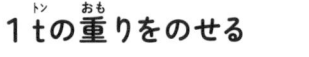

1 うんこ花には，朝と昼に水をあたえます。
1日にうんこ花にあたえる水のかさは，あわせて何Lですか。

式

答え _____

2 うんこ花のひりょうを，火曜日と金曜日の2回に分けてあたえます。
火曜日に$\frac{2}{7}$Lあたえるとすると，金曜日に何Lあたえればよいですか。

式

答え _____

スーパー
うんこ
問題

うんこ花を10年以上育てつづけると，
どんな花になると思う？　次の あ ～ う の中から当ててみよう！

あ　　　　　い　　　　　う

みんな長く育てたがらないみたいじゃ。

ヒント

| 算数ポイント | 分数も，整数や小数と同じように計算することができる。 |

95

1 うんこ花を育てています。水を朝に $\frac{4}{9}$ L，夜に $\frac{1}{9}$ Lあたえました。あわせて何Lの水をあたえましたか。

式

答え＿＿＿＿＿＿

2 うんこ花よりめずらしい花「ブルーうんこローズ」を育てるには，朝 $\frac{6}{7}$ L，夜 $\frac{1}{7}$ Lのアイスティーをあたえなければなりません。あわせて何Lのアイスティーがひつようですか。

式

答え＿＿＿＿＿＿

3 うんこ花をきれいに育てられるとくべつな水を，$\frac{5}{6}$ Lもらいましたが，いきなり $\frac{3}{6}$ Lこぼしてしまいました。水はあと何Lのこっていますか。

式

答え＿＿＿＿＿＿

4 高さ1mのうんこ花と，高さ $\frac{5}{8}$ mのひまわりがあります。高さのちがいは何mですか。

式

答え＿＿＿＿＿＿

1 世界一美しいうんこを見たお父さんとおじいちゃんが，感動してないています。2人とも，$\frac{2}{9}$Lずつなみだを流しました。2人のなみだをあわせると何Lですか。

式

答え _____

2 権田原先生は，運動場を1しゅう走ると$\frac{4}{8}$Lのあせをかきます。うんこを1回すると$\frac{7}{8}$Lのあせをかきます。あせのりょうのちがいは何Lですか。

式

答え _____

3 テントで目をさますと，テントから$\frac{3}{5}$mのところにヒグマがいました。うんこを見せると，$\frac{2}{5}$m遠くにはなれました。今，ヒグマはテントから何mのところにいますか。

式

答え _____

4 長さ1mのうんこをふりまわしながら家に帰りました。とちゅうで$\frac{6}{7}$m分のうんこが，ちぎれてどこかにとんでいきました。家に帰ったときにのこっていたうんこの長さは何mですか。

式

答え _____

23

スタントマン爆林豪吾郎の伝説
～□を使った式 1 ～

スタントマンの爆林豪吾郎さん
が, うんこからうんこへと
とびうつるスタントにちょうせん
しようとしています。

爆林豪吾郎 (40才)
日本を代表するスタントマン。
数々のむずかしいスタントを
せいこうさせている。

大きいほうのうんこからとびおりて, 24m下にある高さ18mの小さい
ほうのうんこに着地しなければなりません。

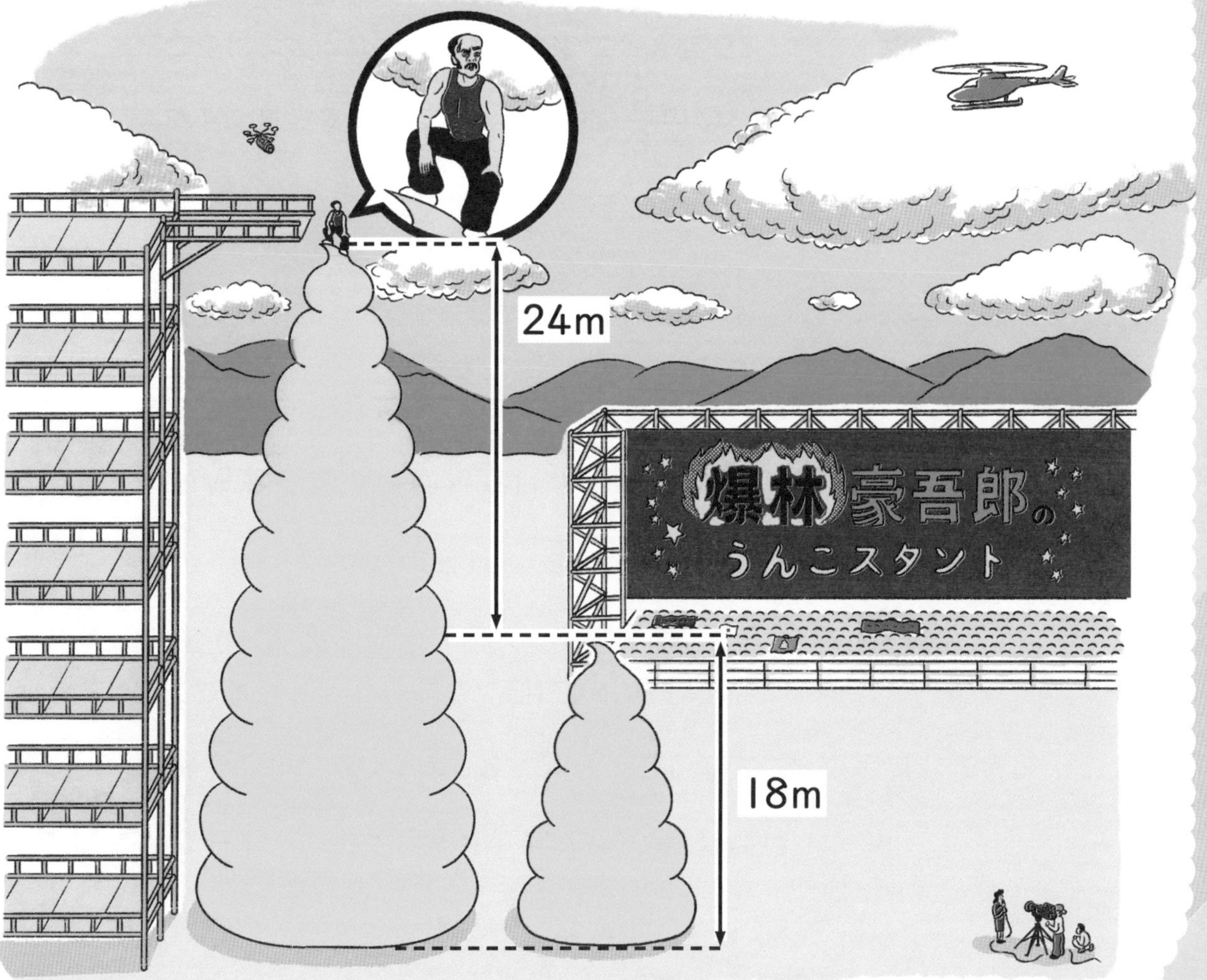

24m

18m

1 大きいほうのうんこの高さは何mですか。大きいほうの
うんこの高さを□としてひき算の式に表し，答えをもとめましょう。

大きいほうのうんこの高さ **?** m

高さの
ちがい24m

小さいほうの
うんこの高さ18m

⬇ ⦃ ⦄に数を書いて，答えをもとめましょう。

式 $\square - \Big\{ \Big\} = \Big\{ \Big\}$

高さのちがい　小さいほうのうんこの高さ

$\square = \Big\{ \Big\} + \Big\{ \Big\}$

$\square = \Big\{ \Big\}$

答え＿＿＿＿＿＿

2 このスタントがテレビで放送されたことで，爆林さんの
ファンクラブの会員が63人ふえて，76人になりました。
前の会員数を□としてたし算の式に表し，答えをもとめましょう。

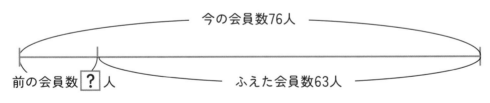

今の会員数76人

前の会員数 **?** 人　　　　ふえた会員数63人

式

①のような□を使った
式を書いてみるのじゃ。

答え＿＿＿＿＿＿

算数
ポイント ｜ わからない数を□とすると，お話の場面を式に表しやすい。

99

かくにん問題

1 爆林さんが大きいほうのうんこから49mとびおりて，高さ26mの小さいほうのうんこに着地しました。爆林さんがさいしょに立っていたうんこの高さを□として式を書き，何mかをもとめましょう。

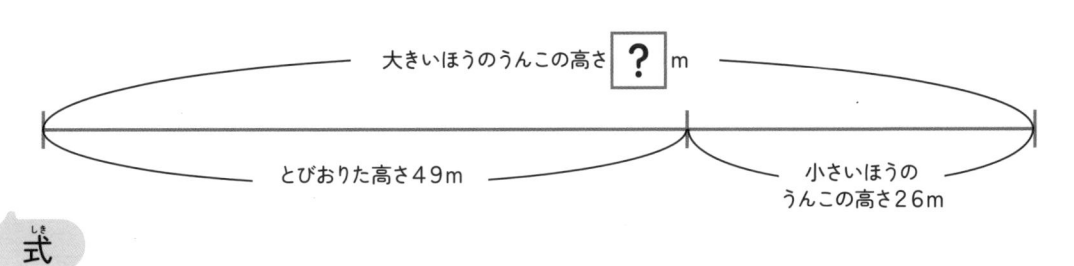

大きいほうのうんこの高さ **?** m

とびおりた高さ49m

小さいほうの
うんこの高さ26m

式

答え _____

2 爆林さんは，自分のうんこ48こを持ってさつえいに来ました。さつえい中にファンから何こかもらったので，帰るときには，うんこは81こになっていました。ファンからもらったうんこの数を□として式を書き，何こもらったのかをもとめましょう。

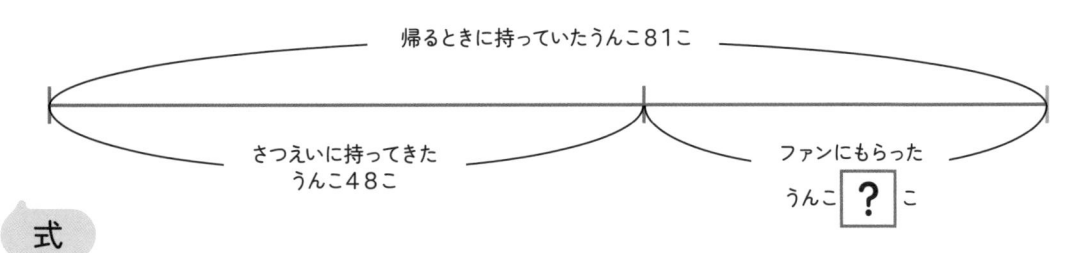

帰るときに持っていたうんこ81こ

さつえいに持ってきた
うんこ48こ

ファンにもらった
うんこ **?** こ

式

答え _____

3 爆林さんのファンクラブにいる女の人は，あと98人ふえれば100人になります。今，爆林さんのファンクラブにいる女の人の数を□として式を書き，何人かをもとめましょう。

式

答え _____

1 ボクシングの選手が，天井からぶら下がっているたくさんのうんこを パンチして落としています。これまでに19こ落として，あと29こ ぶら下がっています。もともとぶら下がっていたうんこの数を□として 式を書き，何こかをもとめましょう。

式

答え ＿＿＿＿＿＿＿

2 おじいちゃんがうんこの写真集を39さつ買ってきたので， 家にあるうんこの写真集は全部で84さつになりました。 もともと家にあったうんこの写真集の数を□として式を 書き，何さつかをもとめましょう。

式

答え ＿＿＿＿＿＿＿

3 うんこに歯が生えてきました。数えてみると， 78本ありました。次の日に数えると，何本かふえて 90本になっていました。1日でうんこに生えた歯の ふえた数を□として式を書き，何本かをもとめましょう。

式

答え ＿＿＿＿＿＿＿

83ページのつづきだよ！

ブリブリゴブリンをたおして安心していたうんこボーイたちの前に，パワーアップしたブリブリドラゴンがおそってきました。あまりの強さに，うんこボーイが負けてしまいそうです。

▲悪のうんこ軍団　　　　　▲ブリブリドラゴン　　　　　▲うんこボーイ　　　▼天才はかせ

そのとき！

▶すぐるくん

風がふくよォ　みんなふせてェーー！！

なんと，すぐるくんが助けに来ました！！
すぐるくんは，鼻息でトラックをとばして，ブリブリドラゴンにぶつけました。

1 すぐるくんは，1回の鼻息でトラックを何台かとばして，ブリブリドラゴンに当てることができます。すぐるくんが鼻息を6回ふくと，ブリブリドラゴンに12台のトラックが当たりました。すぐるくんが鼻息1回でとばせるトラックの数を□としてかけ算の式に表して，何台かをもとめましょう。

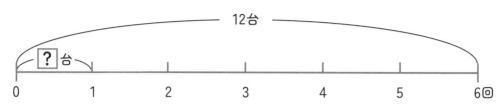

式

答え＿＿＿＿＿＿

2 がんばって鼻息をふきすぎたすぐるくんは，うんこを何こかもらしてしまいました。すぐるくんのうんこの重さは，どれも1こ8gです。全部の重さをはかってみると，56gありました。すぐるくんがもらしたうんこの数を□としてかけ算の式に表して，何こかをもとめましょう。

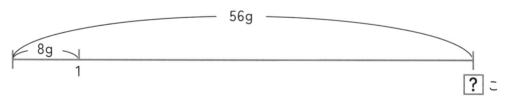

式

答え＿＿＿＿＿＿

算数ポイント｜わからない数を□として，式に表してから考えると，答えをもとめる式が立てやすい。

103

ブリクソンはかせひきいるブリブリモンスターの
とうげきに正義のうんこ戦士たちが
大ピンチ……………ッッッ!!!

しかし――正義のうんこ戦士たちにも、
新たな仲間が加わる!

正義

正義のうんこと悪のうんこの戦いは
おどろくべき展開に…ッッッ!!!

イヤァァァァァァァ……!!!!

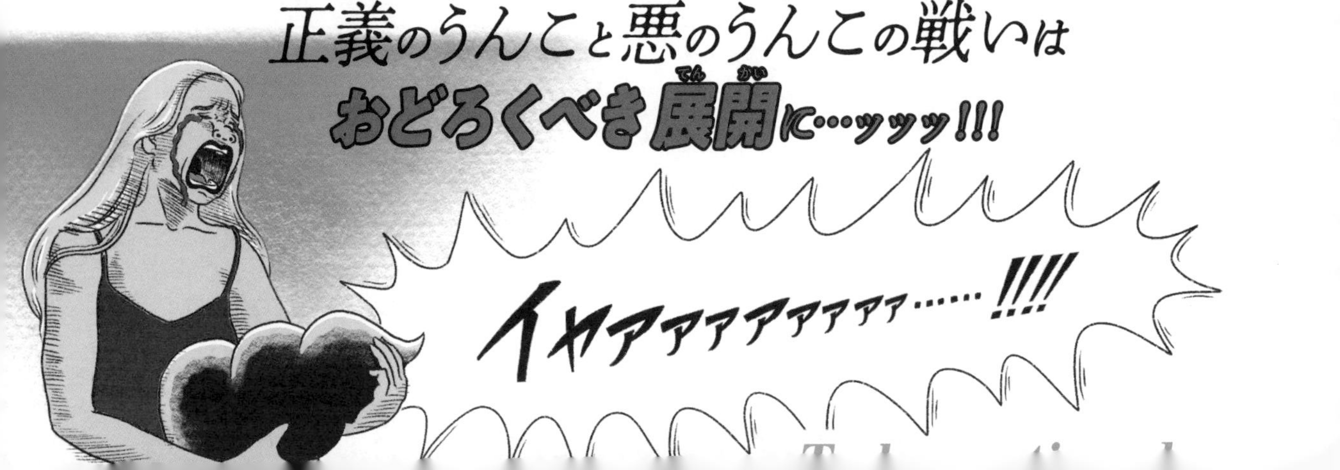

1 大きなうんこがいくつも道を転がっていきました。よく見ると，9この うんこに同じ数ずつ人がしがみついています。しがみついていた人は 全部で27人でした。1このうんこにしがみついていた人数を □として式を書き，何人かをもとめましょう。

式

答え＿＿＿＿＿＿＿＿＿

2 うんこを持って旅に出ていたお父さんが帰ってきました。帰るなり， 「7年間毎年同じ回数ずつ，うんこをなくしそうになった。全部で 49回。」と言いました。お父さんが1年間にうんこをなくしそうに なった回数を□として式を書き，何回かをもとめましょう。

式

答え＿＿＿＿＿＿＿＿＿

3 日本にいくつかある「うんこの館」には， 1つの館にそれぞれ6人ずつ門番がいます。 すべての館の門番をあわせると54人です。 日本にある「うんこの館」の数を□として 式を書き，何館かをもとめましょう。

式

答え＿＿＿＿＿＿＿＿＿

25 うんこを頭にのせた8人のおじさん
～間の数に目をつけて（植木算）～

　けんすけくんがまどから校庭を見ると，うんこを頭にのせた8人のおじさんが，それぞれ3mずつ間をあけて横一列にならんでいました。

 おじさんとおじさんの間の数はいくつですか。

おじさんとおじさんの間の数を数えるのじゃ。

答え＿＿＿＿＿＿＿

 いちばん左のおじさんから，いちばん右のおじさんまでのきょりは何mですか。　※おじさんの体のはばは考えません。

式

答え＿＿＿＿＿＿＿

▼いちばん左のおじさん　　　　　　　　　　　　　　　　　　いちばん右のおじさん▼

3m　　3m　　3m　　3m　　3m　　3m　　3m

しばらく見ていると，おじさんたちは校庭にかかれた円の
まわりにならびました。おじさんたちの
間はそれぞれ3mずつはなれています。

おじさんとおじさんの間の数を
考えるんじゃぞ。

3 この円のまわりを1しゅうすると，
何mになりますか。

※おじさんの体のはばは考えません。

式

答え ＿＿＿＿＿＿

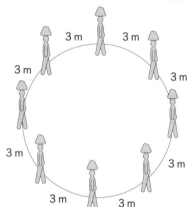

3m 3m
3m 3m
3m 3m
3m 3m
3m 3m

スーパー
うんこ
問題

▲▲▲▲▲▲▲▲▲▲▲▲▲▲▲▲▲▲▲▲▲◀

おじさんたちは，何をしようとしていたんだろう？

あ 運動会でおどるうんこダンスの練習をしていた。

い じまんのうんこを持ちよって記念写真をとっていた。

う うちゅうにいるうんこ星人にひみつのメッセージを送っていた。

次の日，学校の上にUFOがあらわれたそうじゃ…。

ヒント

算数
ポイント ┃ 図を使って考えると，お話の場面がわかりやすい。

107

かくにん問題

1 うんこを頭にのせたおじさんが，24mずつ間を
あけて横一列に7人ならんでいます。いちばん
左のおじさんからいちばん右のおじさんまでの
きょりは何mですか。　※おじさんの体のはばは考えません。

筆算

式

答え＿＿＿＿＿＿＿

2 うんこを両かたにのせたおじさんが，38mずつ
間をあけて横一列に5人ならんでいます。いちば
ん左のおじさんからいちばん右のおじさんまでの
きょりは何mですか。　※おじさんの体のはばは考えません。

式

答え＿＿＿＿＿＿＿

3 大きな円のまわりに，うんこをせなかにしょった
おじさんが，98mずつ間をあけて5人立っています。
この円のまわりを1しゅうすると，まわりの長さは
何mになりますか。　※おじさんの体のはばは考えません。

式

答え＿＿＿＿＿＿＿

4 円の形をした池のまわりに，43mずつ間をあけて，
うんこから顔だけ出したおじさんが
6人いました。この池のまわりを
1しゅうすると何mになりますか。
※おじさんの体のはばは考えません。

式

答え

がんばったね
シールを
はろう!

1 電車に乗ってまどの外を見ると，
49mごとにうんこを持った
おじさんが8人一列に立っていました。
1人目と8人目のおじさんの間は何mありますか。
※おじさんの体のはばは考えません。

筆算

式

答え _____

2 画用紙に円がかいてあります。円のまわりに，
37mmずつ間をあけて，「うんこシール」を
ちょうど5まいはれました。この円のまわりの
長さは何mmですか。　　　※シールのはばは考えません。

式

答え _____

3 24mずつ間をあけて，うんこのかん板が一列に
11まいならんでいます。1番目のかん板から11番
目のかん板まで歩くには，合計何m歩けば
よいでしょうか。　　　※かん板の大きさは考えません。

式

答え _____

4 大きな円形の動物園のまわりを車で1しゅう
しました。86kmごとにいろいろな動物のうんこが
おいてあります。動物園を1しゅうすると，
8しゅるいの動物のうんこが見られました。
車で何km走りましたか。　　　※うんこの大きさは考えません。

式

答え _____

109

まとめテスト

目ひょう 時間 **20**分

とく点〈1問 10点〉

／**100**点

---

1 うんこから作った「うんこ酸」と
いう薬品を使うと，1てきで鉄の
板97まいをとかすことができます。
うんこ酸89てきでとかせる鉄の
板は何まいですか。

筆算

式

答え _____

---

2 1kgのうんこを炭になるまでやくのに9分かかります。63分間では，
何kgのうんこを炭になるまでやけますか。

式

答え _____

---

3 人気まんが「うんこガーディアン武尊」は全部で
75かんあります。1日で8かんずつ読むと，
何日めに「うんこガーディアン武尊」の
最終回が読めますか。

式

答え _____

4 苦しいときは，うんこの写真をながめること
にしています。今日は午前10時40分から
ながめて，気づくと40分たっていました。
午前何時何分になっていましたか。

答え ＿＿＿＿＿＿＿＿＿＿＿＿＿＿

5 うんこをすなはまにおいておいたら，ヤドカリがうんこの右がわに
3km200m，左がわに**4km800m**ならんでいました。
ヤドカリの行列のはしからはしまであわせて何kmですか。
※ヤドカリの大きさは考えません。

式

答え ＿＿＿＿＿＿＿＿＿＿＿

6 うんこをやっと1t集めました。家に入りきらなかった分は
倉庫にしまうことにしました。家に入ったうんこは**876kg**です。
倉庫には何kgしまいましたか。

式

答え ＿＿＿＿＿＿＿＿＿＿＿

7 アメリカで，高さが**7879m**もある大きなうんこが発見されました。
次の年，インドで高さが**8987m**の
うんこが発見されました。
どちらのうんこが何m
高いですか。

筆算

式

答え ＿＿＿＿＿＿＿ のうんこが， ＿＿＿＿＿＿高い。

111

8 うで立てふせをしている権田原先生が，せなかに$\frac{5}{7}$kgの石と，$\frac{2}{7}$kgのうんこをのせていました。あわせて何kgのせていますか。

式

答え ＿＿＿＿＿＿＿＿

9 高さ30mのビルの屋上から，長さ9.8mのロープをたらしました。ロープの先にはうんこがむすびつけてあります。うんこは地面から高さ何mのところにありますか。

式

筆算

答え ＿＿＿＿＿＿＿＿

10 家のかべに，くぎでうんこを横一列に9こうちつけました。うんことうんこの間は45cmずつあけました。左はしのうんこから右はしのうんこまでの間は何cmありますか。

※うんこの大きさは考えません。

筆算

式

答え ＿＿＿＿＿＿＿＿

合え

❶ 2年生のふく習

2・3ページ

1

2 式 $6 \times 4 = 24$
答え 24 こ

3 式 $6 \times 7 = 42$
答え 42 こ

かくにん問題

1 式 $7 \times 5 = 35$
答え 35 こ

2 式 $8 \times 9 = 72$
答え 72 こ

4ページ

3 式 $9 \times 4 = 36$
答え 36回

4 式 $6 \times 5 = 30$
答え 30回

練習問題

1 式 $9 \times 6 = 54$
答え 54 こ

5ページ

2 式 $5 \times 8 = 40$
答え 40cm

3 式 $4 \times 7 = 28$
答え 28 しゅう

5ページ

4 式 $9 \times 3 = 27$
答え 27羽

❷ 10や0のかけ算

6・7ページ

1 式 $10 \times 7 = 70$
答え 70L

2 式 $0 \times 3 = 0$
答え 0人

かくにん問題

1 式 $10 \times 5 = 50$
答え 50L

10ページ

2 式 $8 \times 10 = 80$
答え 80L

3 式 $0 \times 9 = 0$
答え 0人

4 式 $6 \times 0 = 0$
答え 0本

練習問題

1 式 $10 \times 7 = 70$
答え 70本

2 式 $6 \times 10 = 60$
答え 60m

11ページ

3 式 $8 \times 0 = 0$
答え 0点

4 式 $8 \times 0 = 0$
$4 \times 0 = 0$
$0 \times 4 = 0$
$0 + 0 + 0 = 0$
答え 0点

❸ わり算 1

❶ 式 $12 \div 4 = 3$
答え 3本

❷ 式 $27 \div 3 = 9$
答え 9cm

12・13ページ

スーパーうんこ問題 れい

かくにん問題

❶ 式 $32 \div 8 = 4$
答え 4本

❷ 式 $49 \div 7 = 7$
答え 7本

❸ 式 $72 \div 9 = 8$
答え 8cm

❹ 式 $54 \div 9 = 6$
答え 6cm

14ページ

練習問題

❶ 式 $35 \div 7 = 5$
答え 5本

❷ 式 $36 \div 9 = 4$
答え 4章

❸ 式 $45 \div 5 = 9$
答え 9まい

❹ 式 $48 \div 6 = 8$
答え 8L

15ページ

❹ わり算 2

❶ 式 $72 \div 8 = 9$
答え 9色

❷ 式 $72 - 3 - 6 = 63$
答え 63本

❸ 式 $63 \div 9 = 7$
答え 7たば

❹ 式 $4 \div 1 = 4$
答え 4人

16・17ページ

かくにん問題

❶ 式 $16 \div 2 = 8$
答え 8こ

❷ 式 $18 \div 6 = 3$
答え 3たば

❸ 式 $42 \div 7 = 6$
答え 6こ

❹ 式 $81 \div 9 = 9$
答え 9こ

20ページ

練習問題

❶ 式 $54 \div 9 = 6$
答え 6チーム

❷ 式 $36 \div 4 = 9$
答え 9こ

❸ 式 $64 \div 8 = 8$
答え 8回

❹ 式 $28 \div 7 = 4$
答え 4人（家族）

21ページ

❺ あまりのあるわり算 1

22・23ページ

❶ 式 $19 \div 3 = 6$ あまり 1
答え 6ふくろできて，1こあまった。

22・23ページ

2 式 26÷3＝8あまり2

答え 8ふくろできて、
2こあまった。

- - - - - - - - - - - - - - - - -

かくにん問題

1 式 59÷9＝6あまり5

答え 6こずつ配って、
5こあまった。

24ページ

2 式 19÷4＝4あまり3

答え 4箱できて、
3こあまった。

3 式 55÷7＝7あまり6

答え 7こ作れて、6こあまる。

- - - - - - - - - - - - - - - - -

練習問題

1 式 50÷7＝7あまり1

答え 7本ずつあげて、
1本あまった。

25ページ

2 式 27÷4＝6あまり3

答え 6こできて、3cm あまる。

3 式 39÷6＝6あまり3

答え 6箱ずつ分けられて、
3箱あまる。

4 式 42÷5＝8あまり2

答え 8こかけて、2本あまる。

6 あまりのあるわり算 2

26・27ページ

1 式 23÷5＝4あまり3
4＋1＝5

答え 5回

2 式 23÷3＝7あまり2
7＋1＝8

答え 8回

かくにん問題

1 式 78÷9＝8あまり6
8＋1＝9

答え 9回

28ページ

2 式 23÷8＝2あまり7
2＋1＝3

答え 3回

3 式 40÷7＝5あまり5
5＋1＝6

答え 6回

4 式 14÷3＝4あまり2
4＋1＝5

答え 5回

- - - - - - - - - - - - - - - - -

練習問題

1 式 29÷3＝9あまり2
9＋1＝10

答え 10本

29ページ

2 式 38÷4＝9あまり2
9＋1＝10

答え 10台

3 式 42÷9＝4あまり6

答え 4こ

4 式 58÷7＝8あまり2

答え 8まい

7 大きい数の計算(わり算)

30・31ページ

1 式 90÷3＝30

答え 30円

2 式 46÷2＝23

答え 23びき

練習問題

33ページ

☁ 式 $40 \div 2 = 20$
　答え 20こ

☁ 式 $90 \div 9 = 10$
　答え 10g

☁ 式 $66 \div 3 = 22$
　答え 22cm

☁ 式 $84 \div 4 = 21$
　答え 21円

⑧ 時こくと時間 1

36・37ページ

☁ 午前4時10分
☁ 午前5時20分

スーパーうんこ問題 え

かくにん問題

38ページ

☁ 午前8時10分
☁ 午後5時40分
☁ 午前9時50分
☁ 午後5時50分

練習問題

39ページ

☁ 午前11時10分
☁ 午後7時20分
☁ 午前6時40分
☁ 午後4時40分

⑨ 時こくと時間 2

40〜42ページ

☁ 50分間

スーパーうんこ問題

40〜42ページ

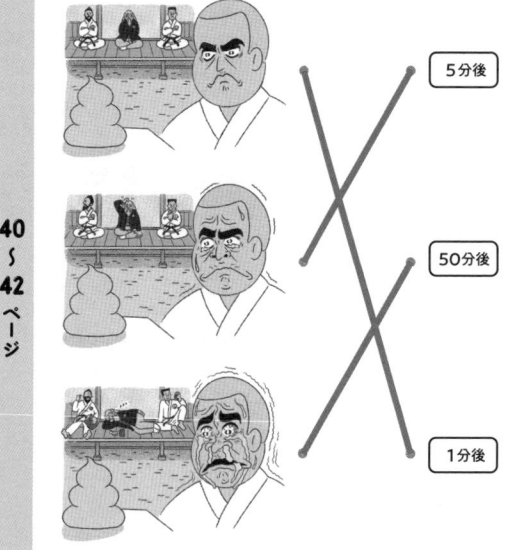

5分後
50分後
1分後

☁ 2時間5分

練習問題

43ページ

☁ 45分
☁ 6時間45分
☁ 28分
☁ 2時間5分

⑩ 長さ

46〜48ページ

☁ 900m

☁ 式
$400m + 800m + 200m = 1400m$
　答え 1400m，1km400m

☁ 式
$1km400m + 1km700m = 3km100m$
　答え 3km100m

練習問題

49ページ

☁ 1100m

2 式 600m＋750m＝1350m
1350m＝1km350m
答え 1km350m

49ページ

3 式 1200m＝1km200m
1km200m＋2km＝3km200m
答え 3km200m

4 式 600m＋800m＋1km500m＝2km900m
答え 2km900m

11 大きい数の計算 1

50・51ページ

1 式 495＋492＝987
答え 987曲

2 式 999＋57＝1056
答え 1056時間

かくにん問題

52ページ

1 式 135＋563＝698
答え 698時間

2 式 92＋773＝865
答え 865分

3 式 529＋69＝598
答え 598秒

4 式 803＋618＝1421
答え 1421円

練習問題

53ページ

1 式 507＋724＝1231
答え 1231回

2 式 17＋368＝385
答え 385まい

3 式 120＋999＝1119
答え 1119m

12 大きい数の計算 2

54・55ページ

1 式 296－179＝117
答え 117てき

2 式 590－98＝492
答え 492ひき

かくにん問題

56ページ

1 式 896－565＝331
答え 331てき

2 式 960－952＝8
答え かっぱ2が，8てき多い。

3 式 508－97＝411
答え 411ぴき

4 式 734－269＝465
答え かっぱが，465ひき多い。

練習問題

57ページ

1 式 778－313＝465
答え 465cm

2 式 803－96＝707
答え 707人

3 式 900－9＝891
答え 891m

13 大きい数の計算 3

58・59ページ

1 式 1100＋3650＝4750
答え 4750人

2 式 8849－2550＝6299
答え 6299m

かくにん問題

60ページ

1 式 2986＋3899＝6885
答え 6885人

2 式 9574＋158＝9732
答え 9732人

60ページ

3 式 $5654 - 4677 = 977$
答え $977m$

4 式 $1902 - 383 = 1519$
答え $1519m$

練習問題

61ページ

1 式 $9138 + 674 = 9812$
答え $9812m$

2 式 $6295 + 1405 = 7700$
答え 7700ぴき

3 式 $3928 - 1998 = 1930$
答え 1930回

4 式 $5436 - 2718 = 2718$
答え うんこの絵のパズルが, 2718 ピース多い。

14 かけ算の筆算 1

62・63ページ

1 式 $24 \times 3 = 72$
答え 72こ

2 式 $23 \times 6 = 138$
答え $138cm$

かくにん問題

64ページ

1 式 $85 \times 7 = 595$
答え 595こ

2 式 $77 \times 6 = 462$
答え 462こ

3 式 $36 \times 3 = 108$
答え $108cm$

4 式 $53 \times 9 = 477$
答え $477cm$

練習問題

65ページ

1 式 $97 \times 4 = 388$
答え 388こ

2 式 $63 \times 8 = 504$
答え 504こ

65ページ

3 式 $45 \times 6 = 270$
答え 270分

4 式 $57 \times 7 = 399$
答え $399cm$

15 かけ算の筆算 2

66・67ページ

1 式 $396 \times 2 = 792$
答え 792日

2 式 $723 \times 7 = 5061$
答え 5061日

練習問題

69ページ

1 式 $421 \times 2 = 842$
答え $842L$

2 式 $987 \times 8 = 7896$
答え 7896まい

3 式 $550 \times 6 = 3300$
答え 3300円

4 式 $804 \times 7 = 5628$
答え 5628さつ

16 倍の計算

70・71ページ

1 式 $12 \div 4 = 3$
答え 3倍

2 式 $25 \times 3 = 75$
答え 75だん

かくにん問題

72ページ

1 式 $48 \div 6 = 8$
答え 8倍

2 式 $72 \div 8 = 9$
答え 9倍

72 ページ

3 式 $37 \times 4 = 148$
　答え 148 だん

4 式 $142 \times 5 = 710$
　答え 710 だん

73 ページ

練習問題

1 式 $25 \div 5 = 5$
　答え 5倍

2 式 $83 \times 9 = 747$
　答え 747回

3 式 $274 \times 6 = 1644$
　答え 1644円

4 式 $56 \div 8 = 7$
　答え 7倍

17 かけ算の筆算 3

74・75 ページ

1 式 $48 \times 12 = 576$
　答え 576こ

2 式 $48 \times 99 = 4752$
　答え 4752こ

76 ページ

かくにん問題

1 式 $50 \times 14 = 700$
　答え 700こ

2 式 $65 \times 46 = 2990$
　答え 2990こ

3 式 $73 \times 39 = 2847$
　答え 2847L

77 ページ

練習問題

1 式 $60 \times 15 = 900$
　答え 900まい

2 式 $45 \times 37 = 1665$
　答え 1665秒

77 ページ

3 式 $94 \times 35 = 3290$
　答え 3290円

4 式 $38 \times 79 = 3002$
　答え 3002kg

18 かけ算の筆算 4

78・79 ページ

1 式 $456 \times 37 = 16872$
　答え 16872まい

2 式 $575 \times 68 = 39100$
　答え 39100こ

80 ページ

かくにん問題

1 式 $307 \times 24 = 7368$
　答え 7368まい

2 式 $540 \times 37 = 19980$
　答え 19980本

3 式 $799 \times 65 = 51935$
　答え 51935こ

4 式 $695 \times 80 = 55600$
　答え 55600こ

81 ページ

練習問題

1 式 $205 \times 35 = 7175$
　答え 7175秒間

2 式 $140 \times 28 = 3920$
　答え 3920人

3 式 $786 \times 79 = 62094$
　答え 62094ひき

4 式 $584 \times 90 = 52560$
　答え 52560円

19 小数のたし算

82・83ページ

1 式 $0.5 + 0.2 = 0.7$
答え 0.7L

2 式 $2.7 + 1.3 = 4$
答え 4m

かくにん問題

84ページ

1 式 $0.7 + 1.9 = 2.6$
答え 2.6L

2 式 $1 + 0.8 = 1.8$
答え 1.8L

3 式 $5.4 + 3.6 = 9$
答え 9m

4 式 $2.7 + 2.3 = 5$
答え 5m

練習問題

85ページ

1 式 $0.4 + 2.9 = 3.3$
答え 3.3g

2 式 $6.3 + 3.7 = 10$
答え 10cm

3 式 $4.6 + 3.9 = 8.5$
答え 8.5L

4 式 $5.8 + 3 = 8.8$
答え 8.8m

20 小数のひき算

86・87ページ

1 式 $8.7 - 8.4 = 0.3$
答え 0.3cm

2 式 $50 - 0.3 = 49.7$
答え 49.7L

スーパーうんこ問題 ③

かくにん問題

88ページ

1 式 $1.4 - 0.8 = 0.6$
答え 0.6cm

2 式 $1 - 0.7 = 0.3$
答え 0.3cm

3 式 $23 - 2.2 = 20.8$
答え 20.8L

4 式 $4.8 - 2.8 = 2$
答え 2L

練習問題

89ページ

1 式 $1.9 - 0.6 = 1.3$
答え 1.3m

2 式 $1 - 0.4 = 0.6$
答え 0.6秒

3 式 $40 - 4.5 = 35.5$
答え 35.5g

4 式 $9.6 - 9.1 = 0.5$
答え 0.5kg

21 重さ

90〜92ページ

1 式
$200g + 1000g = 1200g$
答え 1200g，1kg200g

2 式
$1000g = 1kg$
$30.4kg - 1kg = 29.4kg$
答え 29.4kg

スーパーうんこ問題 ☺

練習問題

93ページ

1 式
$500g + 900g = 1400g$
答え 1400g，1kg400g

2 式 6kg200g+1kg400g=7kg600g
答え 7kg600g

93ページ

3 式 31kg−28kg＝3kg
答え 3kg

4 式 1t＝1000kg
1000kg−999kg＝1kg
答え 1kg

22 分数

1 式 $\dfrac{2}{9}+\dfrac{5}{9}=\dfrac{7}{9}$
答え $\dfrac{7}{9}$ L

94・95ページ

2 式 $\dfrac{5}{7}-\dfrac{2}{7}=\dfrac{3}{7}$
答え $\dfrac{3}{7}$ L

スーパーうんこ問題 ⑤

かくにん問題

1 式 $\dfrac{4}{9}+\dfrac{1}{9}=\dfrac{5}{9}$
答え $\dfrac{5}{9}$ L

2 式 $\dfrac{6}{7}+\dfrac{1}{7}=\dfrac{7}{7}$ （＝1）
答え $\dfrac{7}{7}$ L（1L）

96ページ

3 式 $\dfrac{5}{6}-\dfrac{3}{6}=\dfrac{2}{6}$
答え $\dfrac{2}{6}$ L

4 式 $1-\dfrac{5}{8}=\dfrac{8}{8}-\dfrac{5}{8}=\dfrac{3}{8}$
答え $\dfrac{3}{8}$ m

練習問題

1 式 $\dfrac{2}{9}+\dfrac{2}{9}=\dfrac{4}{9}$
答え $\dfrac{4}{9}$ L

2 式 $\dfrac{7}{8}-\dfrac{4}{8}=\dfrac{3}{8}$
答え $\dfrac{3}{8}$ L

97ページ

3 式 $\dfrac{3}{5}+\dfrac{2}{5}=\dfrac{5}{5}$ （＝1）
答え $\dfrac{5}{5}$ m（1m）

4 式 $1-\dfrac{6}{7}=\dfrac{7}{7}-\dfrac{6}{7}=\dfrac{1}{7}$
答え $\dfrac{1}{7}$ m

23 □を使った式 1

1 式 □−24＝18
□＝18＋24
□＝42
答え 42m

98・99ページ

2 式 □＋63＝76
□＝76−63
□＝13
答え 13人

かくにん問題

1 式 □−49＝26
□＝26＋49
□＝75
答え 75m

100ページ

2 式 48＋□＝81
□＝81−48
□＝33
答え 33こ

100ページ

3 式 $\square + 98 = 100$
$\square = 100 - 98$
$\square = 2$

答え　2人

練習問題

1 式 $\square - 19 = 29$
$\square = 29 + 19$
$\square = 48$

答え　48こ

101ページ

2 式 $\square + 39 = 84$
$\square = 84 - 39$
$\square = 45$

答え　45さつ

3 式 $78 + \square = 90$
$\square = 90 - 78$
$\square = 12$

答え　12本

24 □を使った式 2

1 式 $\square \times 6 = 12$
$\square = 12 \div 6$
$\square = 2$

答え　2台

2 式 $8 \times \square = 56$
$\square = 56 \div 8$
$\square = 7$

答え　7こ

102・103ページ

練習問題

1 式 $\square \times 9 = 27$
$\square = 27 \div 9$
$\square = 3$

答え　3人

105ページ

2 式 $\square \times 7 = 49$
$\square = 49 \div 7$
$\square = 7$

答え　7回

3 式 $6 \times \square = 54$
$\square = 54 \div 6$
$\square = 9$

答え　9館（かん）

25 間の数に目をつけて(植木算)

1 7（つ）

2 式 $3 \times 7 = 21$
答え　21m

3 式 $3 \times 8 = 24$
答え　24m

106・107ページ

スーパーうんこ問題 ⑤

かくにん問題

1 式 $24 \times 6 = 144$
答え　144m

2 式 $38 \times 4 = 152$
答え　152m

3 式 $98 \times 5 = 490$
答え　490m

4 式 $43 \times 6 = 258$
答え　258m

108ページ

練習問題

1 式 $49 \times 7 = 343$
答え　343m

2 式 $37 \times 5 = 185$
答え　185mm

3 式 $24 \times 10 = 240$
答え　240m

4 式 $86 \times 8 = 688$
答え　688km

109ページ

1. 式　$97 \times 89 = 8633$
   答え　8633 まい

2. 式　$63 \div 9 = 7$
   答え　7kg

3. 式　$75 \div 8 = 9$ あまり 3
   　　$9 + 1 = 10$
   答え　10 日め

4. 午前 11 時 20 分

5. 式
   $3km200m + 4km800m = 8km$
   答え　8km

110〜112 ページ

6. 式　$1t = 1000kg$
   $1000kg - 876kg = 124kg$
   答え　124kg

7. 式　$8987 - 7879 = 1108$
   答え　インドのうんこが，
   1108m 高い。

8. 式　$\dfrac{5}{7} + \dfrac{2}{7} = \dfrac{7}{7}$ （$= 1$）
   答え　$\dfrac{7}{7}$ kg（1kg）

9. 式　$30 - 9.8 = 20.2$
   答え　20.2m

10. 式　$45 \times 8 = 360$
    答え　360cm

計算などで
自由に使おう！

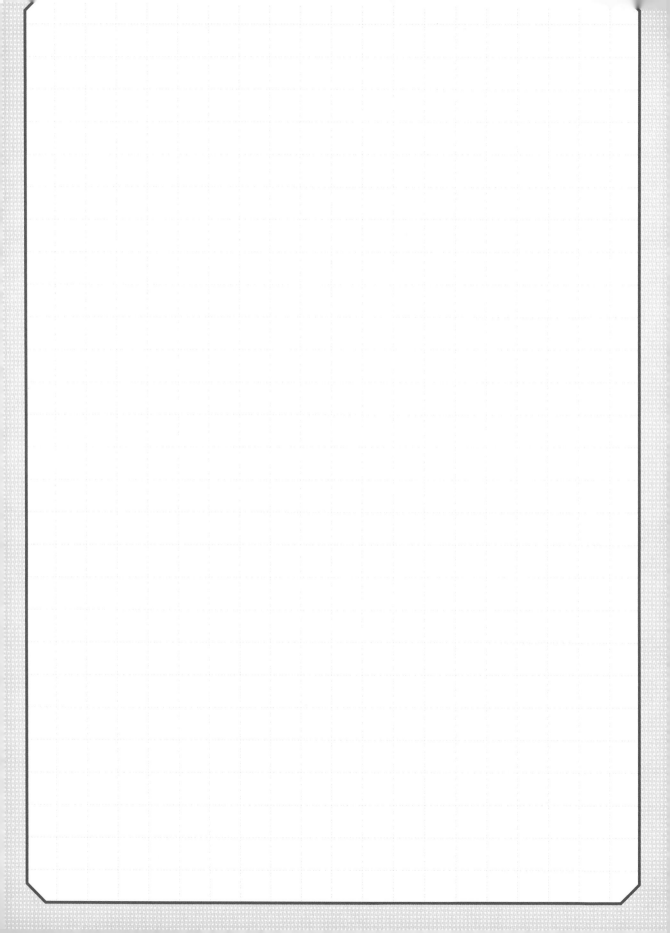

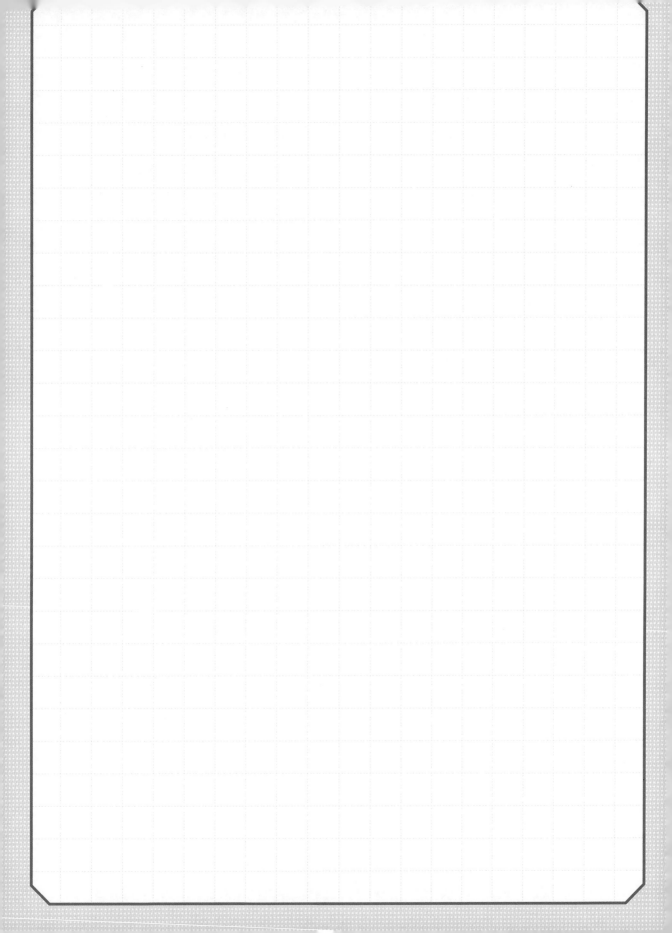

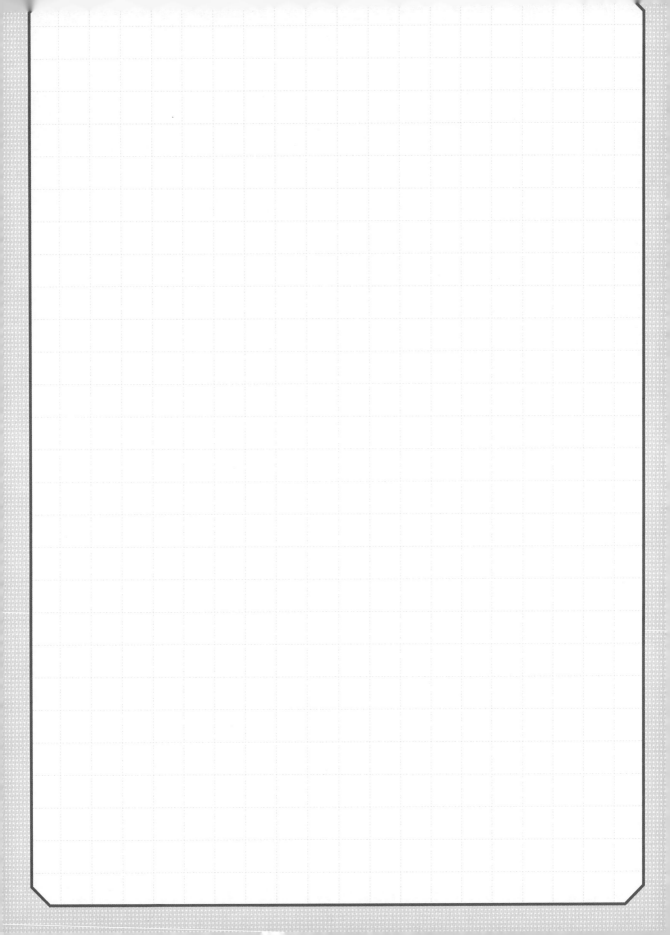

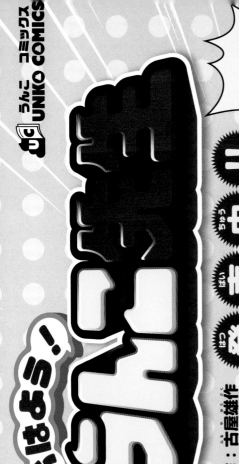
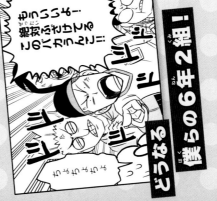
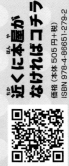
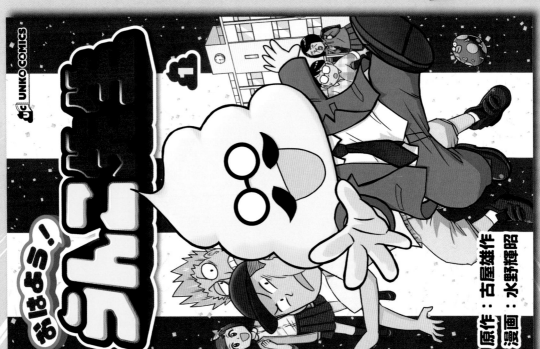

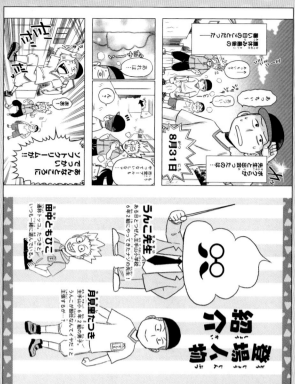

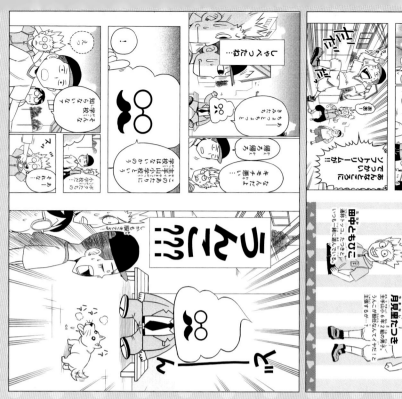

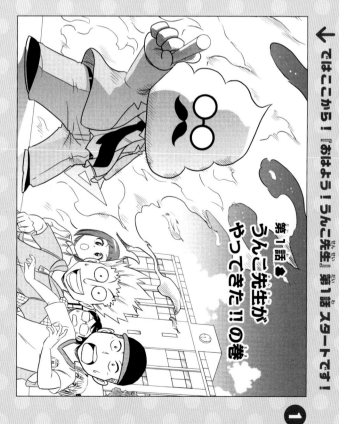

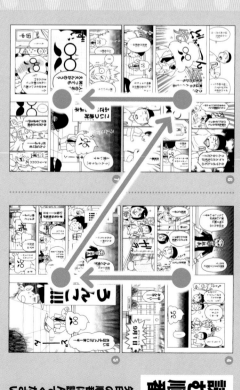

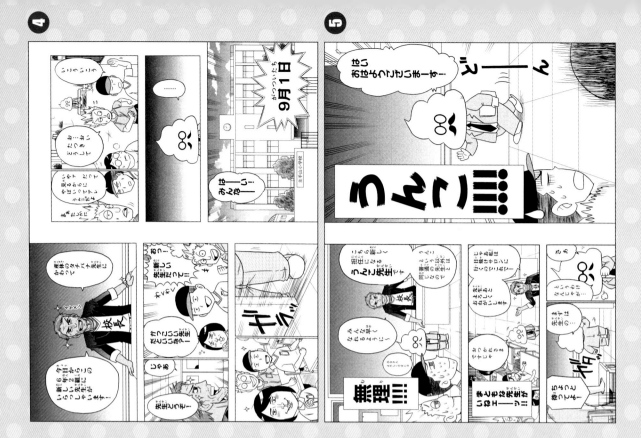

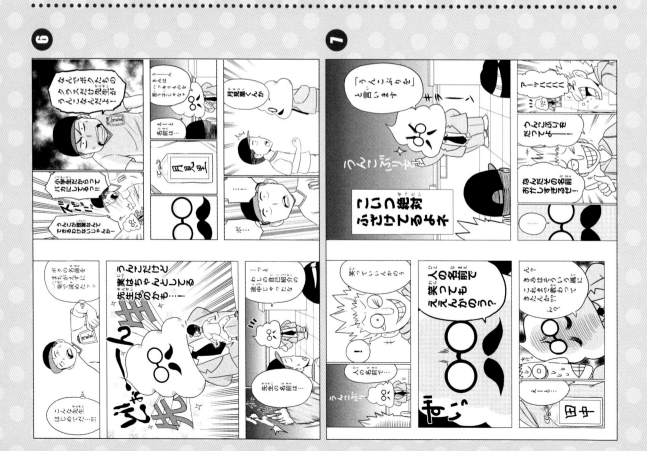

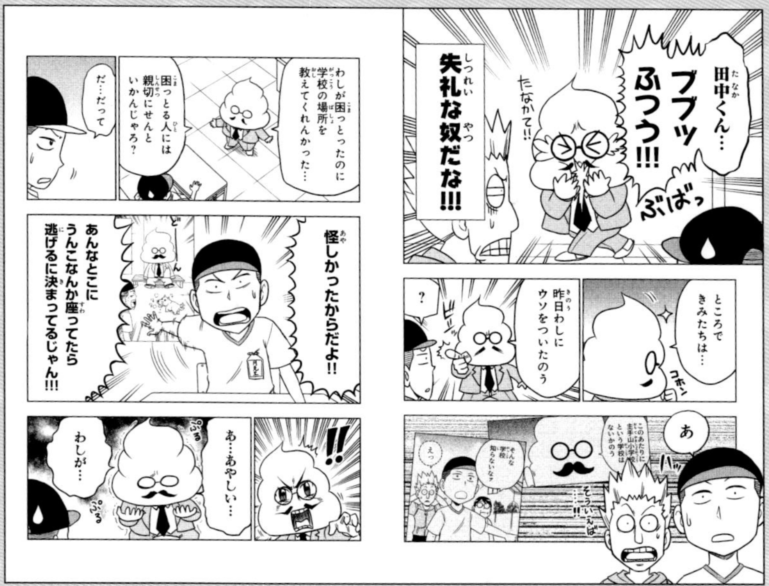

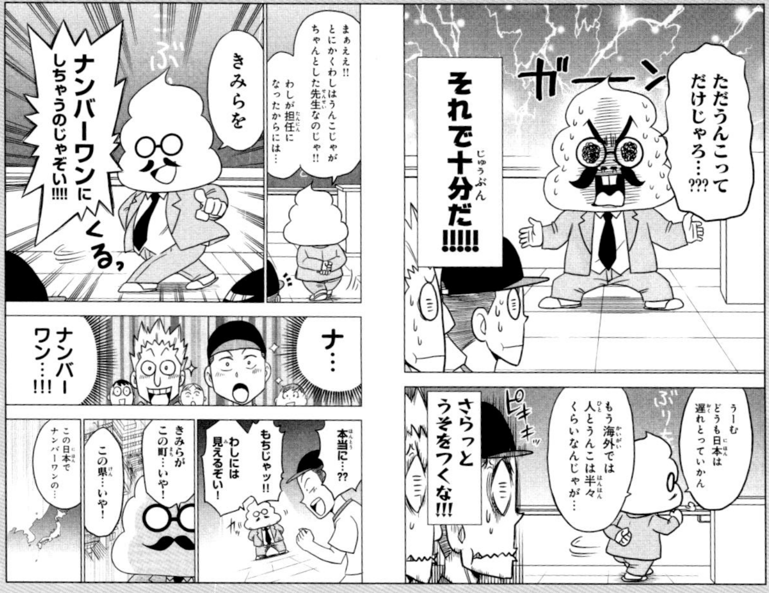

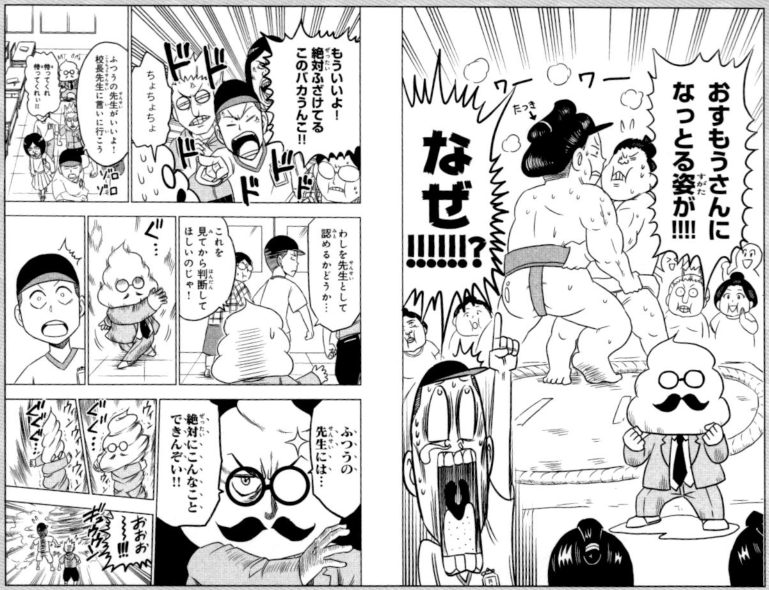

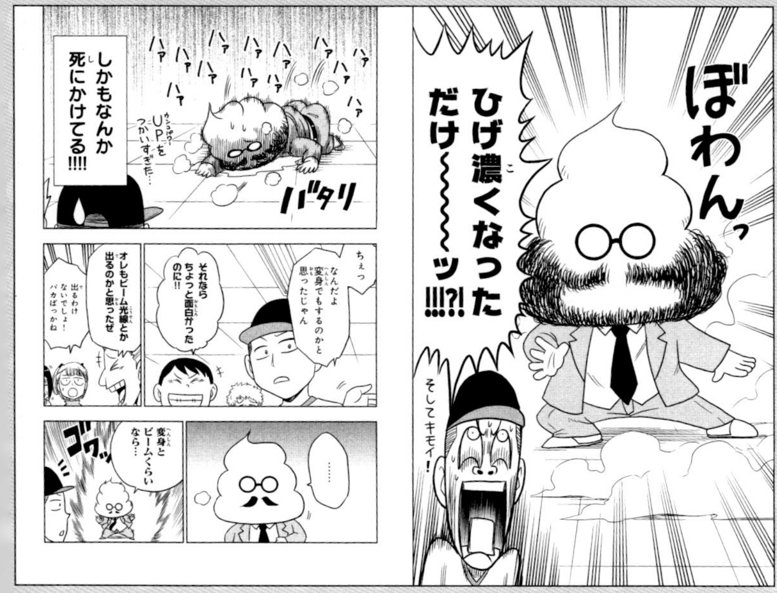

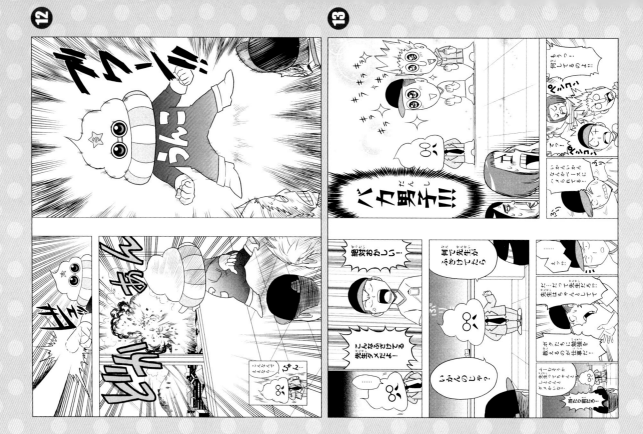

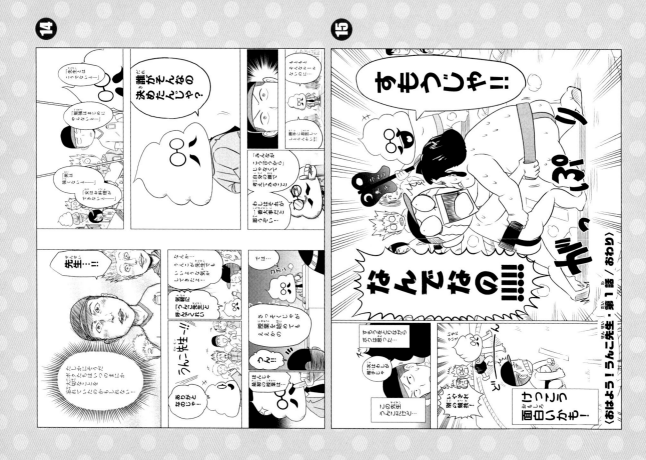

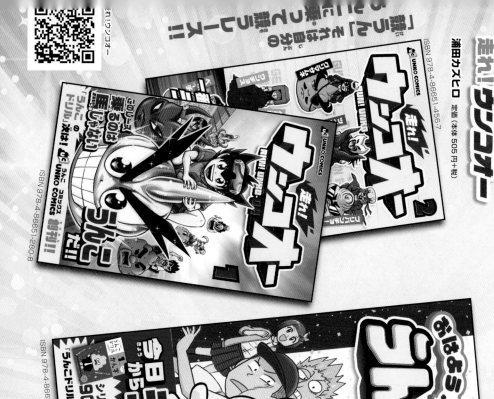

うんこドリル セット購入者 限定！

学習に役立つ
特別 ふろく 付き

➡ ご購入は各QRコードから ➡

シール付
うんこノート

うんこ
ノート 英検

	小学**1**年生	小学**2**年生	小学**3**年生
漢字セット	**漢字セット** 2冊 かん字/かん字もんだいしゅう編 	**漢字セット** 2冊 かん字/かん字もんだいしゅう編 	**漢字セット** 2冊 漢字/漢字問題集編
算数セット	**算数セット** 3冊 たしざん/ひきざん 文しょうだい 	**算数セット** 4冊 たし算/ひき算/かけ算 文しょうだい 	**算数セット** 4冊 たし算・ひき算/かけ算 わり算/文章題 
オールインワンセット	**オールインワンセット** 7冊 かん字/かん字もんだいしゅう編 たしざん/ひきざん/文しょうだい アルファベット・ローマ字/英単語 	**オールインワンセット** 8冊 かん字/かん字もんだいしゅう編 たし算/ひき算/かけ算/文しょうだい アルファベット・ローマ字/英単語 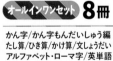  	**オールインワンセット** 8冊 漢字/漢字問題集編/たし算・ひき算 かけ算/わり算/文章題 アルファベット・ローマ字/英単語  

全部入り！

※セットによって特別ふろくの内容は異なります。

パソコンやタブレットで
遊ぶのじゃ!

うんこワールド をのぞいてみよう!

登録不要・無料

world.unkogakuen.com

うんこワールド 🔍

---

1 学校じゃ教えてくれない "生きていく上で大切な知識" をゲームで学ぼう!

キミはいくつクリアできる?

地震　台風　SDGs　安全　お金

ゲームをクリアして
うんこをコレクションしよう!

---

2 「うんこ例文タイピング」で
タイピング練習・
英単語学習もできる!

---

3 反復学習の全く新しいカタチ!
小学3〜6年生向け学習教材
「うんこゼミ」が体験できる!

くわしい内容や
費用はこちら

国語　算数　理科　社会 ＋ 英語　教養